绿色农业原色图谱丛书

蔬菜病虫防治系列

茄果类蔬菜病虫防治原色图谱

申爱民　赵香梅　胡京昂　主编

河南科学技术出版社

·郑州·

图书在版编目(CIP)数据

茄果类蔬菜病虫防治原色图谱/申爱民，赵香梅，胡京昂主编.—郑州：河南科学技术出版社，2012.3

（绿色农业原色图谱丛书 · 蔬菜病虫防治系列）

ISBN 978-7-5349-5385-9

Ⅰ.①茄… Ⅱ.①申… ②赵… ③胡… Ⅲ.①茄果类-病虫害防-图谱 Ⅳ.①S436.41-64

中国版本图书馆CIP数据核字（2011）第250973号

出版发行：河南科学技术出版社

地址：郑州市经五路66号　　邮编：450002

电话：（0371）65737028　65788613

网址：www.hnstp.cn

策划编辑：杨秀芳　申卫娟　　编辑信箱：hnstpnys@126.com

责任编辑：杨秀芳

责任校对：马晓灿

封面设计：张　伟

版式设计：崔彦慧

责任印制：张　巍

印　　刷：河南新达彩印有限公司

经　　销：全国新华书店

幅面尺寸：190 mm×210 mm　　印张：7　　字数：147千字

版　　次：2012年3月第1版　　2012年3月第1次印刷

定　　价：28.00元

如发现印、装质量问题，影响阅读，请与出版社联系。

本书编写人员名单

主　　编　申爱民　赵香梅　胡京昂

副 主 编　胡　锐　邢彩云　申公安

编写人员　（以姓氏笔画为序）

申公安　申爱民　冯迎娥　邢彩云

张利民　张艳丽　陈建华　陈贻诵

赵英凯　赵香梅　胡　锐　胡京昂

姜　俊　姜国霞　高玉蓉　曹凤勤

前 言

茄果类蔬菜主要包括辣椒、茄子、番茄，是我国人民重要的食用蔬菜种类，以果实为食，营养丰富。茄果类蔬菜在我国蔬菜生产中占有重要地位，据统计，茄果类蔬菜年播种面积约286.7万公顷，总产量8 796.2万吨左右，约占我国蔬菜总播种面积的15.6%，约占总产量的14.2%。

在茄果类蔬菜生产中，病虫害防治是十分重要的一环，它直接关系着茄果类蔬菜果实品质的优劣、产量的高低乃至生产的成败。在茄果类蔬菜生产中由于各种原因，不少农民存在着不能正确识别各种病虫害，错用药、多用药、盲目用药的问题，不仅增加了生产成本，而且防治效果不佳，还容易造成蔬菜产品农药残留，不利于无公害蔬菜的生产，不利于保护我们生存的环境。

为更好地为农民服务，编写这本实用性强的《茄果类蔬菜病虫防治原色图谱》很有必要。本书作者由从事茄果类蔬菜研究的技术人员、从事植保技术研究的技术人员、农药经销商等组成，结合作者多年的生产和科研工作实践，并参阅了大量国内外有关资料，针对茄果类蔬菜生产中的主要病虫害防治写成此书，书中还提供了大量茄果类蔬菜主要病虫害的数码照片，力争使大家阅读本书后能够正确地识别茄果类蔬菜常见病虫害，提高对病虫害防治的科学性，避免错、乱、盲目用药现象，生产出合格的蔬菜产品。

农药是一类特殊商品，其技术性和区域性较强。同时，由于我国地域广阔，各种茄果类蔬菜病虫害发生差异较大，防治方法要因地制宜，书中内容仅供参考。

由于时间紧迫，水平有限，书中错误和疏漏之处在所难免，恳请同行专家、广大农民朋友等批评指正。

编著者

2011年11月

目　录

第一部分　侵染性病害

第二部分　生理性病害

第三部分　虫害

第一部分　侵染性病害

一、辣（甜）椒

辣（甜）椒猝倒病

辣（甜）椒猝倒病俗称“小脚瘟”、“卡脖子”，是茄果类蔬菜苗期的主要病害之一，除辣（甜）椒外，还有茄子、番茄等易发本病。

发病症状　幼苗出土后，幼茎基部产生水浸状暗斑，自下而上扩展，病部组织腐烂干枯而凹陷，逐渐缢缩呈细线状，致使幼苗倒伏地面。湿度大时，在病苗及其附近地面上常密生白色棉絮状菌丝。发病初期，苗床上只有少数幼苗发病，几天后，逐渐向外扩展蔓延，最后幼苗成片倒伏死亡。发病严重时，常在幼苗未出土时烂种、烂芽。

辣（甜）椒猝倒病幼苗

辣（甜）椒猝倒病苗床发病状

茄子猝倒病苗床发病状

茄子正常苗与猝倒苗

病　　原　瓜果腐霉菌，属鞭毛菌亚门真菌。

发病规律　病菌随病残体在土壤和未腐熟的农家肥中越冬，借雨水或灌溉水传播，也可以通过种子带菌传播。影响发病的主要因素是土壤温度、湿度、光照和管理水平。病菌生长最适宜的土壤温度是15～16 ℃，30 ℃以上时生长受到抑制，发病最适宜的土壤温度是10 ℃，因为10 ℃不利于幼苗的生长，而病菌仍能活动。早春育苗时，地势低洼、土质黏重、土温偏低、相对湿度大、通风不良等，常引起猝倒病大量发生。阴雨天多、光照不足、播种过密、分苗间苗不及时、施用带菌肥料、长期使用老苗床、苗床未经消毒处理等，都会加重发病。

番茄猝倒病苗床发病状

防治方法

（1）农业防治：

①苗床要选择背风向阳、地势高燥、排水良好的地块。床土不能使用种过辣（甜）椒等茄果类和瓜类蔬菜的土壤。

②育苗肥要充分发酵腐熟，早春育苗要采用电热温床、加温温室床架等，使幼苗有个良好的生长条件，以培育出抗病壮苗。

③种子处理。温汤浸种既可杀死种子上携带的病菌，又可起到催芽的作用。将种子用布包好，置于55 ℃水中，搅拌15分钟，待水温降至30 ℃后，停止搅拌，再浸泡6～8小时，将经浸泡处理的种子用湿布包好，然后置于28～30 ℃环境条件下催芽。

④选择连续晴天的日子播种，苗床土壤温度要求保持在16 ℃以上，气温保持在20～30 ℃。播种时要适当稀播，出齐苗以后，要适当通风，防止苗床湿度大。经常保持育苗设备透光良好，增加光照，促进秧苗健壮生长，提高抗病能力。

⑤发现病苗要及时挖除，并撒一些生石灰。做好苗床松土，降低土壤水分。

（2）药剂防治：

①种子药剂消毒：可用50%福美双可湿性粉剂300倍液，或50%多菌灵可湿性粉剂800倍液，或用25%甲霜灵可湿性粉剂1 500倍液+65%代森锌可湿性粉剂1 500倍液按3 :1 混合浸种。

②苗床土消毒：每平方米苗床用95%恶霉灵原药1克，兑水成3 000倍液喷洒苗床进行消毒，或在播种时用25%甲霜灵可湿性粉剂9克+70%代森锰锌可湿性粉剂1克拌细土15～20千克，拌匀，1/3铺在苗床上，2/3盖在种子上。

③发病初期，喷洒25%甲霜灵可湿性粉剂500～600倍液，或72.2%霜霉威水剂400倍液，或64%噁霜灵 · 代森锰锌可湿性粉剂400～500倍液，或70%代森锰锌可湿性粉剂500倍液，或70%甲基硫菌灵可湿性粉剂800～1 000倍液，或15%恶霉灵水剂1 000倍液等药

剂，每平方米苗床用配好的药液2～3升，每隔7～10天喷1次，连续2～3次。药剂喷洒要在晴天中午进行，药液不要喷得过多，以免出现高湿而造成病害。喷药后，可撒干土或草木灰降低苗床土层湿度。

除了喷洒药液，也可使用粉剂，可按每平方米苗床4克敌磺钠粉剂+10千克细土混匀，撒于床面。灌根效果也不错，在发病初期用根病必治1 000～1 200倍液灌根，同时用72.2%霜霉威水剂400倍液喷雾。也可使用猝倒必克灌根，效果很好，但注意不要过量，以免发生药害。

辣（甜）椒疫病

发病症状　苗期、成株期均可受害，茎、叶和果实都能发病。

苗期发病，茎基部呈暗绿色水浸状软腐或猝倒，有的茎基部呈褐色，幼苗枯萎而死。

叶片染病，初为水浸状，后扩大为暗绿色圆形或近圆形病斑，直径2～3厘米，边缘黄绿色，中央暗褐色，湿度大时病部有稀疏白色菌丝体和白色粉状小点，病斑干后变为淡褐色，叶片软腐脱落。

甜椒疫病病果

甜椒疫病病果干燥状

辣（甜）椒疫病茎枝发病状

果实染病，始于蒂部，初生暗绿色水浸状斑，迅速变褐软腐，湿度大时表面长出白色霉层，干燥后形成暗色僵果，残留在枝上。

茎部发病多在茎基部和枝杈处，病斑初为水浸状，后出现环绕表皮扩展的褐色或黑褐色条斑，引起皮层腐烂，病部以上枝叶迅速凋萎。各个部位的病部后期都会长出稀薄的白霉。病部明显缢缩，造成从病部折倒。本病主要为害成株，使植株急速凋萎死亡，为毁灭性病害。

辣（甜）椒疫病茎基部发病状

病　　原　辣椒疫霉菌，属鞭毛菌亚门真菌。

发病规律　病菌在土壤中或病残体及种子上越冬，土壤中的病残体带菌率最高。病菌借雨水或灌溉水传播侵染。当田间气温在25～30 ℃、相对湿度高于85%时容易发病。该病发病周期短、流行速度迅猛，特别是在灌水或久雨过后天气突然转晴、气温急剧上升时最易暴发流行。土壤相对湿度95%以上持续4～6小时，病菌即完成侵染过程。与茄科或瓜类蔬菜连作时发病较重；土质黏重、土壤偏酸、浇水过勤、田间排水不畅的地块也易发生病害；此外，植株长势较差、定植过密、通风透光不良的地块发病重。

防治方法

（1）农业防治：

①选择抗病品种种植，或采用砧木嫁接。

②严格实行轮作，辣（甜）椒切忌与茄科作物连作，最好能与禾本科作物轮作，轮作3年以上。

③前茬作物收获后及时清洁田园，耕翻土地，可减少土壤中疫霉菌数量，要彻底清除和集中烧毁病残体，减少病源。

④采用地膜覆盖高垄栽培，早春地膜覆盖栽培可提高地温，促进幼苗前期生长健

壮，提高植株抗病能力，高垄可避免根系部位积水而引发疫病。

⑤合理密植，改善田间通风透光条件和降低田间湿度可阻止病害的侵染。

⑥加强田间管理，辣（甜）椒进入旺盛生长期促秧攻果时，浇水要少浇勤浇，辣（甜）椒喜温又怕高温，喜肥又怕肥烧，施肥要少而勤。注意排水，大雨过后，及时排出积水，高温干旱，小水浇灌。

⑦发现病株，及时拔除，带出田外烧毁或深埋，并对病源进行消毒。

（2）药剂防治：

①种子消毒：用10%福尔马林液浸种30分钟，药液以浸没种子5～10厘米为宜，捞出、漂洗、催芽、播种；也可用20%甲基立枯磷乳油1 000倍液浸种12小时；或清水浸种8～10小时后用1%硫酸铜液浸种5分钟，捞出拌少量草木灰播种。

②灌根或喷雾：前期于发病前喷洒植株茎基和地表，防止初侵染；进入生长中后期以田间喷雾为主，防止再侵染；田间发现中心病株后，须抓准时机，喷洒与浇灌并举。及时喷洒和浇灌70%乙膦·锰锌可湿性粉剂500倍液，66.8%丙森锌·缬霉威可湿生粉剂600～800倍液，或68.75%氟吡菌胺·霜霉威悬浮剂600～800倍液，72.2%霜霉威水剂600～800倍液，或60%氟吗啉·代森锰锌可湿性粉剂500～700倍液，或72%霜脲氰·代森锰锌可湿性粉剂600～800倍液，或69%烯酰吗啉·代森锰锌水分散粒剂600～800倍液，或58%甲霜灵·代森锰锌可湿性粉剂400～500倍液，或64%噁霜灵·代森锰锌可湿性粉剂500倍液，或60%琥·乙膦铝（DTM）可湿性粉剂500倍液。结合施药灌水，用98%硫酸铜每次施药1～1.5千克/亩，撒施田间或水口处，随水流入田间，防病效果较好。

③药剂熏蒸：棚室栽培阴天还可以用45%百菌清烟剂，每次250克/亩进行熏蒸防治。

辣（甜）椒灰霉病

发病症状 辣（甜）椒灰霉病多在保护地内发生，在苗期、成株期均有为害，叶、茎、枝、花器、果实均可受害。

幼苗染病，子叶先端变黄，后扩展到幼茎，致茎缢缩变细，由病部折断而枯死。

叶片感染，从叶尖或叶缘发病，致使叶片灰褐色腐烂或干枯，湿度大时可见灰色霉层。

茎部染病，初为条状或不规则水浸状斑，深褐色，后病斑环绕茎部，湿度大时长出较密的灰色霉层，病处凹陷缢缩，不久即造成病部以上死亡。

辣（甜）椒灰霉病为害幼苗

辣（甜）椒灰霉病侵染茎部

花器染病，初期花瓣呈现褐色小型斑点，后期整个花瓣呈褐色腐烂，花丝、柱头亦呈褐色。病花上初见灰色霉状物，随后从花梗到与茎连接处开始，向四周蔓延，病斑呈灰色或灰褐色。

果实染病，病菌多自蒂部、果脐和果面侵染果实，侵染处果面呈灰白色水渍状，后造成组织软腐，整个果实呈湿腐状，湿度大时部分果面密生灰色霉层。

辣（甜）椒灰霉病病花密生灰色霉状物

辣（甜）椒灰霉病侵染甜椒果实

病　　原　灰葡萄孢菌，属半知菌亚门真菌。

发病规律　病菌主要以菌核在土壤中或以菌丝在病残体上越冬，借气流、雨水、灌溉水、农事操作等传播，发病适温23 ℃， 最高31 ℃，最低2 ℃。大棚内空气相对湿度高于75%时发病重，相对湿度低于60%时发病轻或不发病，湿度连续在90%以上时易发病。光照弱时容易发病。大棚内湿度持续较大是发病的主要因素，尤其在春季连阴雨天多，气温偏低，放风不及时，棚内湿度大，灰霉病极易发生和蔓延。另外，植株密度过大、生长旺盛、管理不当都会加快此病扩展。

辣（甜）椒灰霉病侵染辣椒果实

防治方法

（1）农业防治：

①种植密度不宜过大。

②发病后及时清除病果、病叶和病枝，并集中烧毁或深埋，减少病源。

③加强栽培管理，保持棚面清洁，增强光照强度，降低棚内湿度，避免在阴雨天或下午浇水，防止大水漫灌，要小水浇灌，最好选在晴天上午浇水，以降低夜间棚内湿度和结露。及时放风，控制湿度。

（2）药剂防治：初发此病时，可用20%腐霉利可湿性粉剂1 000倍液，或2.5%咯菌腈悬浮种衣剂500倍液，或50%乙霉威·多菌灵可湿性粉剂1 000倍液，或50%啶酰菌胺水分散粒剂1 000～1 500倍液，或40%嘧霉胺悬浮剂1 000～1 500倍液，或50%嘧菌环胺水分散粒剂800～1 000倍液，或50%异菌脲可湿性粉剂1 500倍液。每隔7～10天叶面喷雾1次，连喷2～3次，注意交替使用药剂，以防产生抗药性。喷药时要全面、均匀，叶片下部及叶的背面要重点喷，带病株的周围植株要重点喷。

辣（甜）椒炭疽病

发病症状 叶片染病，多发生在老熟叶片上，产生近圆形褐色病斑，亦产生轮状排列的黑色小粒点，严重时可引致落叶。茎和果梗染病，出现不规则短条形凹陷褐色病斑，干燥时表皮易破裂。

果实染病，先出现湿润状、褐色椭圆形或不规则形病斑，稍凹陷，斑面出现明显环纹状的橙红色小粒点，后转变为黑色小点。天气潮湿时溢出淡粉红色的粒状黏稠状物。天气干燥时，病部干缩变薄成纸状，易破裂。

病　　原 辣椒刺盘孢菌和果腐刺盘孢菌，属半知菌亚门真菌。

发病规律 病菌主要在种子上或病残体上越冬，成为初侵染源。病菌多从寄主的伤口侵入，借风雨传播蔓延，进行再侵染。一般认为，温度25～28 ℃、相对湿度95%左右的环境最适宜该病发生；相对湿度低于70%则不利于病害发生，即使温度适宜也不适宜其发育。一般温暖多雨的年份和地区有利于病害的发生和发展，条件适宜时，病害潜育期一般仅为3～5天。高温多雨则发病重，排水不良、种植密度大、施肥不当或施氮肥偏重、通风状况不好都会加重病害的发生和流行。果实损伤有利于发病，果实越成熟越容易发病。

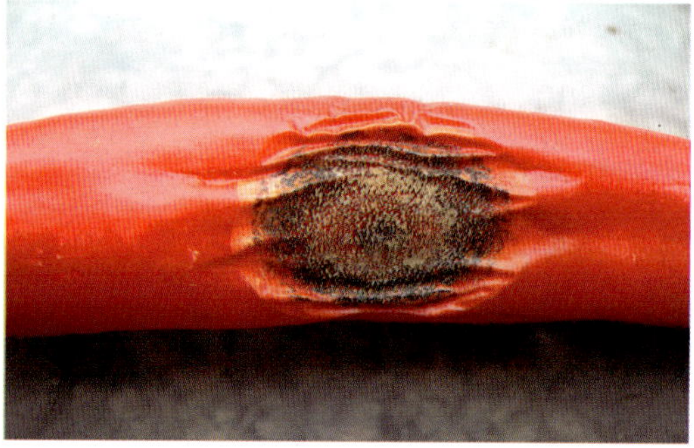

辣（甜）椒炭疽病为害果实

防治方法

（1）农业防治：

①选用抗病品种和种子消毒。种植抗病品种、开发利用抗病资源、培育抗病高产的新品种可以有效控制辣（甜）椒炭疽病的发生。一般辣味强的品种较抗病，甜椒易感病，可因地制宜选用。

②要选择地势高燥，排灌方便，地下水位较低，土层厚、疏松、肥沃的地块种植。与非茄科类蔬菜实行2～3年轮作或水旱轮作，最好与葱、姜、蒜等非茄科作物轮作，科学安排间作套种，以降低病源，减少病害的发生。加强田间管理，根据辣（甜）椒品种特性和水肥条件合理密植，雨后及时排水，及时清除病叶、病果及残株，增施磷、钾肥。棚室要及时通风排湿，避免高温、高湿。

（2）药剂防治：

①种子消毒处理。先在清水中浸种8～10小时，再用1%硫酸铜溶液浸5分钟，捞出后拌少量消石灰或草木灰中和酸性，或用清水洗3遍，再催芽、播种。

②发病初期，每隔7～10天喷1次4%农抗120瓜菜烟草专用型600倍液，连喷3～4次，也

可喷2%武夷菌素200倍液、80%炭疽福美可湿性粉剂800倍液、70%甲基硫菌灵可湿性粉剂600～800倍液、25%嘧菌酯悬浮剂1 000倍液、75%百菌清可湿性粉剂800倍液、25%溴菌腈可湿性粉剂500倍液。苗床严格用药，大田必须连续喷药，方可达到良好的防治效果。

辣（甜）椒枯萎病

发病症状 本病主要发生在幼苗期、开花坐果期和成株期。发病初期，根部或根颈处常常产生水渍状褐色斑点，脚叶黄化，嫩芽和嫩叶生长缓慢，色泽暗，叶片半边枯黄半边绿色，中午萎蔫，晚上恢复，可持续数天。随着病情加重，根颈处及主根、侧根基部皮层干腐纵裂，易剥落，植株下部叶片大量脱落，与地面接触的茎基部皮层发生水渍状腐烂，茎秆、叶片迅速凋萎。病害扩展后，病根出现腐烂，髓部变为暗褐色或略带紫红，茎基部近地面处整段干腐或半边出现纵向枯死的长条斑。天气潮湿时，病部长出丰茂的白色菌丝或蓝绿色霉状物。发病后期，植株很容易被拔起。病株侧根很少，折断茎秆可见根颈部维管束变褐。病株地下部根系也呈水浸状软腐，皮层极易剥落，木质部变成暗褐色至煤烟色。

病　　原 尖孢镰刀菌辣椒专化型，属半知菌亚门真菌。

发病规律 病菌以菌丝体和厚垣孢子随病残体在土中越冬，可营多年腐生生活。病菌从须根、根毛或伤口侵入，在寄主根颈维管束繁殖、蔓延，并产生有毒物质随输导组织扩散，毒化寄主细胞或堵塞导管，致叶片发黄。病菌发育适温为27～28 ℃，土温28 ℃时最适于发病，地温21 ℃以下或33 ℃以上病情扩展缓慢。土壤偏酸(pH值5～5.6)、连作、移栽或中耕伤根多、植株生长不良等，利于发病。

防治方法

（1）农业防治：合理轮作倒茬，避免与瓜类、茄科蔬菜连作，可与十字花科、百合科蔬菜实行3年以上的轮作，减少土壤中病菌的积累，降低发病率。

辣（甜）椒枯萎病病株（王久兴）

辣（甜）椒枯萎病根茎剖面（王久兴）

加强田间管理。防止田间潮湿或雨后积水，低洼地采用高畦栽培，深翻土地，以降低土壤湿度，增加土壤通透性。辣（甜）椒收获后彻底清除病残体，并将其烧毁。使用经高温堆沤充分腐熟的农家肥，防止肥料带菌。多施磷、钾肥，少施氮肥。

（2）药剂防治：

①用0.1%高锰酸钾或50%异菌脲可湿性粉剂1 000倍液，浸种30分钟，杀死种子表面的病原菌，洗净后催芽播种。

②用无病土育苗，选用3年以上没有种过茄科蔬菜的地作苗床或选用水田育苗。若用旧床，应换土或进行土壤消毒。可在7月高温季节，将床土深翻后灌水，覆盖塑料薄膜暴晒45～60天。用菌药合剂做营养土（1千克木霉培养菌、5克五氯硝基苯、1 000千克土），直接育苗或沟施、穴施。翻松土壤，每平方米用30毫升甲醛配成100倍液洒在土上，扣膜7天后，放风14天，耧一耧土，使土中气体充分散尽后育苗或定植。

③发病初期喷洒40%多硫悬浮剂600倍液，或50%苯菌灵可湿性粉剂500～1 000倍液，或绿叶丹可湿性粉剂800倍液，或72%霜霉威水剂600倍液，也可用14%络酸铜水剂300倍液，或3.2%噁霉灵·甲霜灵水剂（克枯星）600倍液，或12%松脂酸铜乳油500倍液灌

根，每株0.5升，每隔7～10天1次，可灌2～3次。

辣（甜）椒菌核病

发病症状 本病可为害辣（甜）椒整个生长期。苗期染病，茎基部初呈水渍状浅褐色斑，后变棕褐色。潮湿时皮层腐烂，上生白色菌丝体，干后呈灰白色，茎部变细，最后全株死亡。

成株期主要发生在距地面5～20厘米处茎部和枝杈处，病部初呈水渍状淡褐色斑，后变为灰白色，向茎部上下扩展，湿度大时，病部内、外着生白色菌丝体，茎部皮层霉烂，并形成许多黑色鼠粪状菌核，最后引起落叶、枯萎死亡。

辣（甜）椒菌核病（王久兴）

果实染病时，果面先变褐色，呈水渍状腐烂，逐渐向全果扩展，有的先从脐部开始向果蒂扩展至整果腐烂，表面长出白色菌丝体，后形成黑色不规则菌核，引起落果。

病　　原 核盘菌，属子囊菌亚门真菌。

发病规律 病菌以菌核随病残体在土壤或混杂在种子里越冬。条件适宜，菌核开始萌发产生子囊盘和子囊孢子。子囊孢子经气流、水流传播侵染植株根茎部或基部叶片及其他组织，发病后产生菌丝，受害病叶与邻近健株接触、农事携带可传播病害。菌核也可产生菌丝直接侵入植株茎基部或近地面的叶片。菌丝生长适宜温度范围较广，20 ℃最适宜，喜潮湿，不耐干燥。相对湿度85%以上有利于发病，低于75%明显受抑制，干湿交替则有利于菌核形成。发病中期，病部长出白色絮状菌丝形成新的菌核，萌发后可进行再侵染，发病后期产生的菌核则随病残体落入土中越冬。菌核在0～35 ℃均可萌发，适宜温度5～15 ℃，高于50 ℃5分钟即死亡；在干燥土壤中菌核可存活3年以上，潮湿土壤中只能存活1年。子囊孢子萌发温度为5～35 ℃，发育适宜温度为5～10 ℃、相对湿度为85%以上。土壤中有效菌核数量对病害发生程度影响很大，新建保护地或轮作大棚、温室土中残存菌核少，发病轻；反之，发病重。空气相对湿度达85%以上病害发生严重，65%以下则病害轻或不发病。

防治方法

（1）农业防治：控制棚内的湿度；一旦发现病株，及时清除出棚并烧毁。

（2）药剂防治：发病初期，选择晴天上午9～10时喷洒50%腐霉利可湿性粉剂1 000～2 000倍液，或40%嘧霉胺悬浮剂800倍液，或65%甲霉灵可湿性粉剂500倍液，或40%菌核利可湿性粉剂400倍液，或10%多氧霉素可湿性粉剂800倍液，或45%噻菌灵悬浮剂800～1 200倍液，或50%乙烯菌核利可湿性粉剂1 000倍液，或50%多菌灵磺酸盐可湿性粉剂800倍液喷雾，结合通风，降低棚内湿度。如遇阴雨天气，棚室也可用45%腐霉利烟雾剂200～300克/亩，分6～10处，于下午4～5时点燃后闭棚16～20小时。每隔5～7天防治1次，连续防治2～3次。

辣（甜）椒褐斑病

发病症状　辣（甜）椒褐斑病主要为害叶片，偶尔也可为害茎部。病菌主要侵染成熟叶片。

叶片发病时，先从下部叶片开始，病斑多为圆形，也有近圆形或不规则形，发病初期，叶片正面出现水渍状、淡褐色、针尖大小的斑点，渐扩展成近圆形病斑，随着病斑扩大，逐渐变为黄褐色至灰褐色，边缘颜色较深，病健交界明晰可辨，病斑表面稍隆起，具明显的同心轮纹，中部直径约2毫米范围明显枯白色，界限分明。病斑直径一般为

6～12毫米。发病严重时，病斑相互愈合成不规则的大斑，后期病组织常干枯坏死，呈穿孔，致叶片支离破碎，严重时病叶变黄脱落。湿度大时病斑正反两面均可产生灰色霉状物。

辣（甜）椒褐斑病为害叶片

茎部染病，病斑常呈现椭圆形，其他特点和叶片上相似。

病　　原　辣椒尾孢菌，属半知菌亚门真菌。

发病规律　病菌可在种子上越冬，也可以菌丝块在病残体上或以菌丝在病叶上越冬，成为翌年初侵染源。病害常始于苗床。病菌通过风雨或农事操作传播。气温在20～25 ℃时适于发病，相对湿度80%开始发病，湿度越大发病越重。高温、高湿持续时间长，有利于该病扩展。

防治方法

（1）物理防治：用55 ℃温水浸种10～15分钟，再放入冷水中冷却，然后播种。

（2）药剂防治：

①苗床土壤处理。50%多菌灵、50%福美双按1 :1混合，每平方米用药8～10克与15千克细土混合撒入播种沟内。

②用70%代森锰锌可湿性粉剂500倍液，或75%百菌清可湿性粉剂500倍液，或50%乙霉威 · 多菌灵可湿性粉剂1 000倍液，或10%苯醚甲环唑悬浮剂2 000倍液，或40%氟硅唑乳油8 000倍液喷雾，隔10～15天喷1次，连喷2～3次。

辣（甜）椒黑斑病

发病症状　本病主要侵染果实，发病初期，果实表面的病斑呈淡褐色，椭圆形或不规则形，稍凹陷，直径10～20毫米，甚至更大；后期病部密生黑色霉层。发病重时，一个果实上生有几个病斑，或病斑连片愈合成更大的病斑，其上密生黑色霉层。

病　　原　细交链孢，属半知菌亚门真菌。

发病规律　病菌以菌丝体随病残体在土壤中越冬，条件适宜时为害果实引起发病。病部产生分生孢子借风雨传播，进行再侵染。病菌多由伤口侵入，果实被阳光灼伤所形成的伤口最易被病菌利用，成为主要侵入场所。病菌喜高温、高湿条件，温度在23～26 ℃，相对湿度80%以上条件有利于发病。

甜椒黑斑病症状

防治方法

（1）农业防治：进行地膜覆盖栽培，栽培密度要适宜。加强肥水管理，促进植株健壮生长。发病果要及时摘除。收获后彻底清除田间病残体并深翻土壤。

（2）药剂防治：

①防治其他病虫害，减少日灼果产生，防止黑斑病病菌借机侵染。

②发病初期及时进行药剂防治，喷洒58%甲霜灵·代森锰锌可湿性粉剂500倍液，或70%代森锰锌可湿性粉剂500倍液，或64%噁霜灵·代森锰锌可湿性粉剂500倍液，或60%百菌通可湿性粉剂500倍液，或40%克菌丹可湿性粉剂400倍液，每7天喷1次，连喷2～3次。

辣（甜）椒根腐病

发病症状　该病多发生于定植后，起初病株白天枝叶萎蔫，傍晚至次日清晨恢复，反复多日后整株青枯死亡。病株的根颈部及根皮层呈淡褐色至褐色腐烂，极易剥离，露出暗色的木质部，萎蔫阶段根颈木质部多不变色，病部一般局限于根和根颈部。

辣（甜）椒根腐病症状1

辣（甜）椒根腐病症状2

病　　原　腐皮镰孢霉，属半知菌亚门真菌。

发病规律　病原菌以厚垣孢子、菌核或菌丝体在土壤中及病残体上越冬，厚垣孢子可在土壤中存活5～6年甚至10年，成为主要侵染源。病菌从根部伤口侵入，然后在病部产生分生孢子，借雨水或灌溉水传播蔓延，进行再侵染。高温、高湿条件利于发病，连作地、低洼地、黏土地或下水头发病重。

防治方法

（1）农业防治：因地制宜，适期早播。加强田间管理，防止菜地积水。

（2）药剂防治：

①先用0.2%～0.5%的碱液清洗种子，再用清水浸种8～12小时，捞出后置入配好的1%次氯酸钠溶液中浸5～10分钟，冲洗干净后催芽播种。也可用咯菌腈进行种子包衣。

②发病初期喷淋或灌50%多菌灵可湿性粉剂600倍液，或50%甲基硫菌灵可湿性粉剂

500倍液或40%多·硫悬浮剂600倍液，或20%二氯异氰尿酸钠可溶性粉剂300～400倍液，或4%农抗120水剂200～300倍液，隔10天左右1次，连续灌2～3次。

辣（甜）椒白星病

白星病又称斑点病、白斑病。

发病症状 本病主要为害叶片，病斑初为圆形或近圆形，边缘呈深褐色小斑点，稍隆起，中央白色或灰白色，其上散生黑色小粒点。叶片染病从下部老熟叶片发生，并向上部叶片发展，发病严重的造成大量落叶，仅剩上部叶片。田间湿度低时，病斑易破裂穿孔。

辣（甜）椒白星病症状（王久兴）

病　　原 辣椒叶点霉，属半知菌亚门真菌。

发病规律 病菌以分生孢子器随病残体在田间或种子上越冬。在环境条件适宜时，分生孢子器吸水后逸出分生孢子，通过雨水反溅或气流传播至寄主植物上，从寄主叶片表皮直接侵入，引起初次侵染。病菌先侵染下部叶片，逐渐向上部叶片发展，经潜育出现病斑后，在受害部位产生新生代分生孢子，借风雨传播进行多次再侵染，加重为害。病菌喜高温、高湿环境，发病适宜温度范围8～32℃，最适发病环境温度为22～28 ℃，相对湿度为95%。最适感病生育期为苗期到结果中后期。发病潜育期7～10天。

防治方法

（1）农业防治：与非茄科蔬菜隔年轮作，以减少田间病菌来源。及时摘除病、老叶，收获后清除病残体，带出田外深埋或烧毁，深翻土壤，加速病残体的腐烂分解。合理密植，深沟高畦栽培，雨后及时排水，降低地下水位，适当增施磷、钾肥，促进植株健壮，提高植株抗病能力。

（2）药剂防治：在发病初期，可选用50%甲基硫菌灵可湿性粉剂800倍液，或77%氢氧化铜可湿性粉剂1 000倍液，或75%百菌清可湿性粉剂600倍液，或70%代森锰锌可湿性粉剂600倍液喷雾，隔10天左右喷1次，连续喷2～3次。

辣（甜）椒早疫病

发病症状 发病时叶片上出现圆形或长圆形黑褐色病斑，具同心轮纹。潮湿条件下病斑上生出黑色霉层。

辣（甜）椒早疫病

幼苗期受害，茎基部呈水浸状暗绿色病斑，后形成梭形大斑，病部软腐，呈蜂腰状，致使幼苗倒伏。

成株受害，在茎基部和枝杈处产生水浸状暗绿色病斑，逐渐扩大成长条形黑色病斑，病斑部位皮层腐烂，可绕茎一周。发病部位以上的叶片由下而上枯萎死亡。叶片上的病斑呈暗绿色不规则形水浸状，扩展后叶片枯缩脱落，出现秃枝。果实多从蒂部发病，最初出现暗绿色水浸状病斑，稍凹陷，病斑扩大后，全果腐烂脱落。

病　　原 链格孢属茄链格孢菌，属半知菌亚门真菌。

发病规律 病菌在病残体或种子上越冬，翌年产生新的分生孢子，借助风、雨水、昆虫等传播。病菌从气孔或伤口侵入，也可从表皮直接侵入，潜育期3～4天，病部产生大量分生孢子进行再侵染。秧苗老化衰弱、过密、湿度过大、通风透光不良等易发病。定植过迟、土壤潮湿、透气不良等会加速病害蔓延。

防治方法

（1）农业防治：重病区尽量与非茄科蔬菜实行轮作。高垄栽培，辣（甜）椒生长期增施底肥。棚室栽培宜采用滴灌或暗灌方式灌水。调整好棚内温、湿度，尤其是定植初期，闷棚时间不宜过长，防止棚内湿度过大，温度过高。

（2）药剂防治：幼苗期喷药，药剂防治宜早，药剂要喷在叶背。

棚室栽培发病初期，每亩每次喷洒75%百菌清粉尘剂1千克，每隔9天喷撒1次，连续防治3～4次。或每亩每次施用45%百菌清烟剂，或10%腐霉利烟剂200～250克。

露地栽培在发病前开始喷药，50%多菌灵可湿性粉剂500倍液，75%百菌清可湿性粉剂600倍液，或50%异菌脲可湿性粉剂1 000倍液，或50%腐霉利可湿性粉剂1 000倍液，或50%多菌灵·硫黄悬浮剂500倍液，或58%甲霜灵·代森锰锌可湿性粉剂500倍液。每隔7～10天喷1次，连喷3～4次。

辣（甜）椒叶枯病

发病症状　叶片发病初呈散生的褐色小点，迅速扩大后为圆形或不规则形病斑，中间灰白色，边缘暗褐色，病斑中央坏死处常穿孔，病叶易脱落。病害一般由下向上扩展，病斑越多，落叶越严重，严重时整株叶片脱光成秃枝。

病　　原　茄葡柄霉，属半知菌亚门真菌。

发病规律　病菌以菌丝体或分生孢子从随病残体遗落土中或以分生孢子黏附种子上越冬，以分生孢子进行初侵染和再侵染，借气流传播。该病在南方无明显越冬期，全年辗转传播蔓延。施用未腐熟厩肥或旧苗床育苗，气温回升后苗床不能及时通风，温、湿度过高等，利于病害发生；

辣（甜）椒叶枯病叶片穿孔

田间管理不当，偏施氮肥，植株前期生长过盛，田间积水等易发病。

防治方法

（1）农业防治：加强苗床管理，用腐熟厩肥作底肥，及时通风，控制苗床温、湿度，培育无病壮苗。实行轮作，及时清除病残体。加强田间管理，合理使用氮肥，增施磷、钾肥，或施用喷施宝、植宝素、爱多收等；定植后及时松土、追肥，雨季及时排水。

（2）药剂防治：发病初期，喷洒40%氟硅唑乳油5 000倍液，或12.5%腈菌唑乳油1 500倍液，或64%噁霜灵·代森锰锌可湿性粉剂500倍液，或70%甲基硫菌灵可湿性粉剂800倍液，或70%丙森锌可湿性粉剂800倍液，或5%己唑醇悬浮剂1 000倍液等，隔10～15天喷1次，连喷2～3次。

辣（甜）椒煤污病

发病症状 本病主要为害叶片、叶柄及果实。叶片染病，初在叶面产生污褐色圆形或不规则形的小霉点，后形成似煤烟般的霉状物，可布满叶面、叶柄及果面，严重时几乎看不见绿色叶片及果实，影响光合作用。病叶早衰，提早枯黄脱落，病果提前成熟但不脱落，商品性差。

辣（甜）椒煤污病（粉虱引起）为害辣椒叶片

病　　原 辣椒斑点芽枝霉菌，属半知菌亚门真菌。

发病规律 病菌以菌丝体和分生孢子在病叶上或土壤中及植株病残体上越冬，翌年产生分生孢子，借风雨、浇水、蚜虫、粉虱等传播蔓延。一般荫蔽、湿度大，粉虱、蚜虫发生严重的棚室发病严重。

辣（甜）椒煤污病（粉虱引起）为害辣椒果实

辣（甜）椒煤污病（蚜虫引起）为害严重的辣椒植株

防治方法

（1）农业防治：

①改变棚室小气候，使其通透性好，雨后及时排水，防止湿气滞留。

②注意浇水、灌水方式，不要四处乱溅。

③及时防治蚜虫、粉虱及介壳虫。

（2）药剂防治：于点片发生阶段，及时喷施40%灭菌丹可湿性粉剂400倍液，或40%敌菌丹可湿性粉剂500倍液，或50%苯菌灵可湿性粉剂1 500倍液，或40%多菌灵胶悬剂600倍液，或50%乙霉威·多菌灵可湿性粉剂1 500倍液，或65%甲基硫菌灵·乙霉威可湿性粉剂1 500～2 000倍液，隔7～10天喷1次，视病情防治2～3次。

辣（甜）椒青枯病

辣（甜）椒青枯病又名辣（甜）椒细菌性枯萎病，是一种典型的细菌性土传病害。

发病症状　一般在苗期不发病，常在辣（甜）椒结果后才开始表现症状，至盛夏时发病最为严重。发病时植株顶部叶片萎蔫下垂，接着下部叶片凋萎，最后中部叶片凋萎；也有一侧叶片先萎蔫或整株叶片同时萎蔫的。初病时，病株白天萎蔫重，夜晚尚可恢复，2～3天后全株萎蔫死亡。死株仍保持绿色，但色泽稍淡。病株根部常变褐腐烂，病茎表皮粗糙，茎中下部增生不定根，部分病茎可见1～2厘米大小褐色病斑。近地面茎部皮层呈粗糙的褐色水浸状。纵切茎部可见木质部淡褐色，横切茎部保湿后，手指挤压断面有白色混浊黏液溢出，最后病株黄枯而死。

辣（甜）椒青枯病田间表现

病　　原　茄青枯拉尔细菌，属拉尔菌属。

发病规律　病菌随寄主病残体遗留在土壤中越冬。病菌在病残体上营腐生生活，能在土壤中存活14个月至6年之久。病菌通过雨水、灌溉水、地下害虫、操作工具等传播，多从寄主根部或茎基部皮孔和伤口侵入，前期处于潜伏状态，条件适宜时即可在维管束的螺纹导管内迅速繁殖，并沿导管向上扩展，使整个输导组织被破坏而失去功能，茎叶因得不到水分供应而萎蔫。高温、高湿的环境条件有利于青枯病的发生。土温达20 ℃时病菌开始活动，土温达25 ℃时病菌活动旺盛，田间往往出现发病高峰，土壤含水量达25%以上时，易于发病。雨后初晴，气温升高快，空气湿度大，热量蒸腾加剧，易促使本病流行，尤其是久雨或大雨后暴晴，病害往往暴发流行。土壤微酸性或钾肥缺乏时发病重。另外，地势低洼、排水不良的地块发病重。

防治方法

（1）农业防治：实行轮作，最好是水旱轮作。清除病残体，结合整地每亩撒施50～100千克石灰，使土壤呈微碱性，增施草木灰或钾肥也有良好效果。有机肥要充分发酵消毒。适当控制浇水，严禁大水漫灌，高温季节应在清晨或傍晚浇水。适期播种，培育壮苗、无病苗。植株生长早期应进行深中耕，其后宜浅耕；至生长旺盛后期则停止中耕，以免损伤根系，造成病菌侵染。

（2）药剂防治：发病前期要预防性喷药，常用农药有20%噻菌铜悬浮剂600倍液、14%络氨铜水剂300倍液，或77%氢氧化铜可湿性微粒粉剂500倍液，或72%农用硫酸链霉素可溶性粉剂4 000倍液，每7～10天喷1次，连续防治3～4次。进入坐果期或发现病株后，用77%氢氧化铜可湿性粉剂500倍液，或72%农用硫酸链霉素可湿性粉剂4 000倍液灌根，每7～10天灌1次，连续3～4次。

辣（甜）椒疮痂病

辣（甜）椒疮痂病又名细菌性斑点病，属于细菌性病害。

发病症状　该病主要发生于辣（甜）椒幼苗与成株叶片、茎部与果实上，以叶片最常见。其典型症状是发病部位隆起疮痂状的小黑点而引起落叶。

辣椒疮痂病病叶（王久兴）

辣（甜）椒疮痂病病果

幼苗发病后，叶片产生银白色水浸状小斑点，后变为暗色凹陷的病斑，可引起全株落叶。

成株期叶片染病，初为小斑点，呈圆形或不规则形，边缘暗褐色稍隆起，中央颜色较淡略凹陷，病斑表面粗糙，常由几个病斑连在一起形成大病斑。如果病斑沿叶脉发生常造成叶片畸形。在受害的茎、叶柄及果梗上形成不规则的条斑，后木栓化并隆起、纵裂呈疮痂状。果实被侵染，初为暗褐色隆起的小点或为带水渍状边缘的疱疹，逐渐扩大为圆形或长圆形的黑色疮痂斑，潮湿时可见菌脓从病部溢出。

病　　原　病原为野油菜黄单胞菌辣椒斑点病致病型细菌。

发病规律　病菌主要是在种子表面越冬，成为初侵染源，也可以随病残体在田间越冬。病菌在土壤中可存活1年以上。带菌种子可远距离传播。病菌与植株叶片接触后，从气孔或伤口侵入，在细胞间繁殖，致使表皮组织增厚形成疮痂状，病菌也通过风雨或昆虫传播蔓延。此病在高温多雨季节易发生，病菌发育适温为27～30 ℃，相对湿度大于80%，尤其是暴风雨更有利于病菌的传播与侵染，雨后天晴极易流行。种植过密、生长不良，容易发病。

防治方法

（1）农业防治：可与大豆、玉米实行2～3年的轮作。清洁田园，辣（甜）椒收获后，要及时清除植株病残体和自生苗，以防翻入地下翌年侵染。

（2）药剂防治：

①进行种子处理。可将种子先用清水浸泡10～12小时后，再用0.1%硫酸铜溶液浸种5分钟，捞出后用清水冲洗干净，晾干后即可播种；也可用1∶10的链霉素浸种30分钟，晾干后播种。

②培育无病苗。在没有种过辣（甜）椒或番茄的地块或温室育苗，移栽和定植工具用0.1%硫酸铜溶液处理。

③大雨过后和发病初期，喷洒1∶1∶200倍的波尔多液，或72%新植霉素可湿性粉剂4 000～5 000倍液，或20%噻菌铜悬浮剂600倍液，或60%琥胶肥酸铜 · 乙膦铝（DTM）

可湿性粉剂500倍液，或72%农用硫酸链霉素可溶性粉剂4 000倍液，或77%氢氧化铜可湿性微粒粉剂500倍液，或47%春雷霉素 · 王铜可湿性粉剂600倍液进行防治，每5～7天喷1次，连喷3次，可有效缓解病菌的为害。

辣（甜）椒软腐病

发病症状 辣（甜）椒软腐病主要发生在未成熟和未变色的青果及茎上，辣（甜）椒感病初期，叶上出现褪色小斑，逐渐扩大呈淡黄色不规则圆斑，后变为半透明、中央稍凹陷而薄的斑块，边缘略隆起；茎上病斑纺锤形，中央灰色、边缘黑色。果实发病后，病部呈暗绿色，后变为暗褐色不规则斑块，边缘水浸状，病果除表皮外，内部组织全部腐烂，有特殊臭味，失水后，仅残留一薄层污白色皮层，形似开水烫熟后再晒干的辣（甜）椒，悬挂枝头或脱落。

辣（甜）椒软腐病病果1

辣（甜）椒软腐病病果2

病　　原 胡萝卜软腐欧氏菌胡萝卜软腐致病型，属细菌。

发病规律 病菌随病残体在土壤中越冬，成为翌年初侵染源。在田间通过灌溉水或雨水飞溅，从伤口侵入，初侵染后病菌又可通过棉铃虫、烟青虫及风雨传播，进行再侵染，使病害在田间蔓延。田间低洼易涝、钻蛀性害虫多或阴雨天气多、湿度大时，本病易流行。

防治方法

（1）农业防治：与非茄科、十字花科蔬菜进行3年以上轮作；及时清洁田园，尤其要清除病果，带出田外烧毁或深埋；培育壮苗，适时定植，合理密植，雨季及时排水，尤其下水头不要积水；保护地栽培要加强放风，防止棚内湿度过高。

（2）药剂防治：

①及时喷洒杀虫剂防治烟青虫等蛀果害虫。

②雨前雨后及时喷洒72%农用硫酸链霉素可溶性粉剂4 000倍液，或72%新植霉素可湿性粉剂4 000倍液，或20%噻菌铜悬浮剂600倍液，或50%琥胶肥酸铜可湿性粉剂500倍液，或77%氢氧化铜可湿性微粒粉剂500倍液，或14%络氨铜水剂300倍液防治，每5～7天喷1次，连喷3次。

辣（甜）椒细菌性叶斑病

发病症状 本病主要为害叶片，叶片正面发病初呈褪绿色水浸状小斑点，扩大后变为褐色至铁锈色，病斑大小不等，叶内陷，呈薄膜状。干燥时病斑呈铁锈色，质脆，有的穿孔。该病一旦发生，遇雨或相对湿度较高时，扩展很快，个别叶片发病的植株仍能生长；叶片大部分脱落可导致整株死亡。病健交界处明显，但不隆起，有别于细菌性疮痂病。

辣（甜）椒细菌性叶斑病1（王久兴）

辣（甜）椒细菌性叶斑病2（王久兴）

病　　原　假单胞杆菌，属细菌。

发病规律　病菌一般在病残体或种子上越冬，通过辣（甜）椒叶片伤口侵入，在田间借助雨水、灌溉水或农具进行传播及再侵染。气温23～30 ℃，空气相对湿度在90%以上的7～8月高温多雨季节发病重。地势低洼，管理不善，肥料缺乏，植株衰弱或偏施氮肥等地块发病严重。遇高温、叶面长时间有水膜时发病重。病菌侵入后，相对湿度在80%以上时病害就能逐渐显症，若温度过低则病害发展受到一定抑制；若后期温度升高，病害可继续发展。因此，高温多雨或遇暴风雨，病害常加重发生。

防治方法

（1）农业防治：利用无病土壤育苗，防止病苗移栽田间。选择排水良好的地块，采用高垄栽培，并覆盖地膜，严禁大水浇灌，雨后及时排水，防止田间积水，及时清除田间杂草。多施有机腐熟肥，增施磷、钾肥或叶面喷肥，要避免施氮肥过高。收获后及时清除病残体并深翻。从无病株上采种。

（2）药剂防治：

①进行种子消毒，播种前先预浸8～10小时，再用0.1%硫酸铜溶液浸5分钟，捞出后用清水洗净播种。

②发病初期开始喷药，选用72%新植霉素可湿性粉剂4 000～5 000倍液，或72%农用硫酸链霉素可溶性粉剂4 000倍液，或20%噻菌铜悬浮剂600倍液，或50%春雷霉素·王铜可湿性粉剂600倍液，或50%琥胶肥酸铜可湿性粉剂500倍液，或14%络氨铜水剂300倍液，7～10天喷施1次，连续防治3～4次，雨后及时补喷。

辣（甜）椒病毒病

发病症状　常见有花叶、黄化、坏死和畸形等四种症状。

花叶分为轻型花叶和重型花叶两种类型：轻型花叶病初现明脉轻微褪绿，或现浓、淡绿相间的斑驳，病株无明显畸形或矮化，不造成落叶；重型花叶除表现褪绿斑驳外，叶面凹凸不平，叶脉皱缩畸形，或形成线形叶，生长缓慢，果实变小，严重矮化。

辣（甜）椒病毒病花叶型

黄化：病叶明显变黄，出现落叶现象。

坏死：病株部分组织变褐坏死，表现为条斑，顶枯，坏死斑驳及环斑等。

畸形：病株变形，如叶片变成线状，即蕨叶，或植株矮小，分枝极多，呈丛枝状。有时几种症状同在一株上出现，或引起落叶、落花、落果，严重影响甜（辣）椒的产量和品质。

辣椒病毒病叶面凸凹不平

辣椒病毒病顶枯状

病　　原　为害辣（甜）椒的病毒种类有黄瓜花叶病毒、烟草花叶病毒、马铃薯Y病毒、烟草蚀纹病毒、马铃薯X病毒、苜蓿花叶病毒、蚕豆萎蔫病毒、辣椒轻微斑驳病毒和番茄斑萎病毒等，其中黄瓜花叶病毒可划分为4个株系，即重花叶株系、坏死株系、轻花叶株系及带状株系。

发病规律　传播途径随其毒源种类不同而异，但主要可分为昆虫传播和接触传染两大类。可借昆虫传播（蚜虫、蓟马等）的病毒主要有黄瓜花叶病毒、番茄斑萎病毒、马铃薯Y病毒及苜蓿花叶病毒，其发生与昆虫介体的发生情况关系密切。烟草花叶病毒靠接触及伤口传播，通过整枝打杈等农事操作传染。此外，定植晚、连作地、低洼及缺肥地易引起该病流行。

辣椒病毒病卷叶状

辣椒病毒病蕨叶型

辣椒病毒病病果1

辣椒病毒病病果2

防治方法 选用抗病品种，适时播种，培育壮苗，要求秧苗株型矮壮，第一分杈具花蕾时定植。用10%磷酸三钠浸种20～30分钟后洗净催芽，在分苗、定植前，或花期分别喷洒0.1%～0.2%硫酸锌。遮阴栽培，及时防蚜虫。可与高粱、玉米等高秆作物间作，减轻本病发生。发病初期喷洒3.85%盐酸吗啉胍·三十烷醇水乳剂500倍液、20%盐酸吗啉胍·乙酸铜可湿性粉剂500倍液，或2%宁南霉素水剂250～300倍液或1.5%硫酸铜·三十烷醇·十二烷基硫酸钠水乳剂1 000倍液，或弱毒系N_{14}+S52，或NS-83增抗剂100倍液，隔10天左右喷1次，连续防治3～4次。

辣（甜）椒菟丝子为害

菟丝子是菟丝子科菟丝子属植物，属寄生性种子植物，俗称“黄丝藤”。

发病症状 菟丝子紧密缠绕辣（甜）椒茎叶，在与植株接触处生出吸盘，吸盘是以维管束鞘突出而形成的。穿入后分化为导管和筛管，并与植株体内的导管和筛管结合，建立寄生关系，依靠吸取植株内的水分和养分，发育壮大自身，致使植株生长不良，叶片黄化凋萎，严重时逐渐死亡。

辣（甜）椒菟丝子为害

茄子菟丝子为害

病　原　中国菟丝子，菟丝子科菟丝子属植物。其茎细弱，无叶绿素，黄化，直径1毫米左右，花白色，有棱角。

发病规律　我国有两种菟丝子，在茄果类蔬菜上为害的主要是中国菟丝子，菟丝子种子成熟后落入土壤中，或混杂在寄主种子间及粪肥中越冬。翌春种子发芽，长出一根6～10厘米长的芽（幼茎）立在田间，其顶端不停地“转圈”或“悬摇”，一旦碰到寄主时即缠绕其上，其茎产生吸器，吸取寄主的营养。此时，菟丝子和它的地下部分立即脱离。菟丝子靠茎在田间缠绕寄主植物，不断扩展蔓延。地势低洼、潮湿，菟丝子为害严重。

防治方法

（1）农业防治：

①人工精选种子，防止混入菟丝子种子。

②深耕土地，深度要求达到20厘米，抑制菟丝子种子萌发。

③发现菟丝子及时摘除，并将其带出田外深埋或集中烧毁。

④有机肥使用前要充分腐熟，使菟丝子种子遇高温失去发芽力或沤烂。

⑤在菟丝子幼苗未长出缠绕茎以前锄地消灭。

（2）生物防治：雨后或阴天或傍晚，喷雾鲁保1号生物制剂，使用浓度为每毫升水中含活孢子数3 000万个以上，每亩喷洒2～2.5升，在喷药前，如人为破坏菟丝子茎蔓，制造伤口，防治效果会明显提高。间隔7天左右喷1次，连续喷2～3次。

二、茄子

茄子褐纹病

本病别名茄子疫病、褐腐病、干腐病。

发病症状 本病是茄子的主要病害之一，在北方，本病与茄子绵疫病、黄萎病一起被称为茄子的“三大病害”，对产量影响很大，全国各地均有发生。

茄子褐纹病病果

苗期发病时，多先在幼茎基部产生水浸状梭形或椭圆形病斑，稍后病斑逐渐变褐至黑褐色，并长有许多小黑点，当病斑环绕茎周时，病部凹陷，使幼苗猝倒，大苗立枯。

结果期发病时，病叶先出现水浸状白色小斑点，后逐渐扩大成近圆形至多角形。病部与健康部位分界明晰，病斑边缘深褐色，中央浅褐色至灰白色，具有轮纹，有大量小黑点，病部破裂造成叶片穿孔。茎部染病，初呈近菱形斑，边缘深褐色，中部淡褐色至灰白色，稍凹，轮生许多黑褐色小点，严重时，病斑绕茎扩展，或相互连合，致枝段组织坏死、干腐，患部密生小黑点，茎枝皮层脱落，露出木质部，遇大风易折断枯死。

果实染病，果面先出现淡褐色圆形、椭圆形或不规则病斑，有针头大的小黑粒，呈同心轮纹状排列。病斑逐渐扩大，可达果实大部分乃至全果，最后病果腐烂脱落，或干腐挂在枝上成僵果，全果密生小黑粒，手摸质感粗糙。

病　　原 茄褐纹拟茎点霉，属半知菌亚门真菌。

发病规律 病原菌主要以菌丝体或分生孢子器在土表的病残体上越冬，同时也可以菌丝体潜伏在种皮内部或以分生孢子黏附在种子表面越冬，成为翌年的初侵染源。播种带病种子，能引起幼苗直接发病，土壤带菌能引起茎基部溃疡。植株感病，病斑上产生分生孢子，分生孢子萌发后可直接穿透寄主表皮侵入，也能通过伤口侵染。通过风雨、昆虫及农事操作进行传播和重复侵染，造成叶片、茎秆的上部以及果实大量发病。

茄子褐纹病是高温、高湿性病害。病菌发育最低温度为7～11 ℃，最高温度为35～40 ℃，最适温度为28～30 ℃。田间气温28～30 ℃、相对湿度高于80%持续时间比较长、连续阴雨时，易发病。连作地，密度过大，氮肥过多植株长势较弱，地势低洼，排水不良，夏季多雨等，发病重。

防治方法

（1）农业防治：

①与非茄科作物实行3年以上的轮作。

②选用抗病品种，长茄较圆茄抗病，白皮茄、绿皮茄较紫皮茄抗病。

③加强苗期管理，提倡营养钵育苗。

④夏季高温干旱，适宜傍晚浇水，降低地温。雨季及时排水，防止地面积水。适时采收，发现病果及时摘除。

⑤收获后彻底清除田间病残体，并及时翻耕。

（2）物理防治：用55 ℃温水浸种15分钟，捞出后，置30 ℃以下水中6～8小时，然后催芽播种。

（3）药剂防治：

①苗床消毒：每平方米苗床用50%多菌灵可湿性粉剂10克，或50%福美双可湿性粉剂8克，与细干土10～20千克充分拌匀，用1/3药土铺底，播种后，将剩余药土覆在种子上。

②发病初期，可用75%百菌清可湿性粉剂600倍液，或70%代森锰锌可湿性粉剂500倍液，或64%噁霜灵 · 代森锰锌可湿性粉剂500倍液，或58%甲霜灵 · 代森锰锌可湿性粉剂600倍液喷雾。隔7天左右喷1次，连喷2～3次。

茄子黄萎病

本病别名茄子半边疯、茄子黑心病、茄子凋萎病。

发病症状 茄子黄萎病是为害茄子的主要病害，发病严重的年份绝收或毁种。全国各地均有发生。

茄子黄萎病症状

茄子苗期即可染病，田间多在坐果后表现症状。病株多从下向上或从半边向全株发展。初期叶缘及叶脉间出现褪绿斑，病株初在晴天中午呈萎蔫状，早晚尚能恢复，经一段时间后不再恢复，叶缘上卷变褐脱落，病株逐渐枯死，叶片大量脱落呈光秆。剖视病茎，维管束变褐色。有时植株半边发病，呈半边疯或半边黄。

病　　原 大丽轮枝菌，属半知菌亚门真菌，可在辣（甜）椒、茄子、番茄等270多种植物上寄生。

发病规律 病菌发育适温19～24 ℃，最高30 ℃，最低5 ℃。病菌以菌丝体、厚垣孢子和微菌核随病残体在土壤中越冬，可存活6～7年，可随耕作栽培活动及调种传播蔓延。病菌从根部伤口或根尖直接侵入，进入导管内向上扩展至全株，引起系统发病。种子也可带菌。病原在田间靠风、雨、灌溉水、农具及农事操作等传播。温、湿度是黄萎病发生的重要条件，其适宜温度为15～32 ℃，最适温度为20～24 ℃；土壤含水量高于25%时病害发生严重，土壤含水量小于16%的干燥条件下则发病较轻。降水多、温度低于15 ℃且持续时间长，或久旱后灌水不当、地温下降、田间湿度大，或连作重茬病害发生重。该病在当年不再进行重复侵染。

防治方法

（1）农业防治：

①目前国内外尚无高抗或免疫茄子黄萎病的茄子品种，一般叶片较长、叶缘有缺刻、叶色深的品种相对较耐本病。

②实行水旱轮作，或旱地3年以上轮作。水旱轮作可与水稻或其他水生作物轮作；旱地轮作可与豆科、瓜类等非茄科作物轮作。

③发现病株及时拔除，收获后彻底清除田间病残体并烧毁。

④施足腐熟有机底肥，增施磷、钾肥。

⑤嫁接栽培可有效控制茄子黄萎病为害，以托鲁巴姆、日本赤茄、刺茄等作砧木，采用劈接法或靠接法嫁接。

（2）物理防治：

①播前对种子进行消毒:温汤浸种。将种子先在常温水中浸泡15分钟，后转入55 ℃的热水中浸泡15分钟，并不断搅拌，然后用30 ℃的温水浸泡12小时。

②夏季高温季节，先将田块表土层耕翻耙碎并喷水至湿润，用无色透明塑料薄膜覆盖严实，设施栽培可同期密闭棚室15天以上。对于发病严重的田块可考虑太阳光高温消毒与化学药剂熏蒸结合。

（3）药剂防治：

①用50%多菌灵可湿性粉剂500倍液浸种1～2小时后，用清水洗净再催芽。

②用50%多菌灵可湿性粉剂按10克/米^{2}加细土拌匀，混撒于苗床表层，再播种育苗。

③定植时用50%多菌灵药土（亩用1千克药加40～60千克细干土拌匀）穴施。

④发病初期用50%多菌灵可湿性粉剂800～1 000倍液，或70%甲基托布津可湿性粉剂800～1 000倍液，或50%甲基立枯磷可湿性粉剂800～1 000倍液，或4%农抗120水剂200倍液灌根，每株100毫升视病情隔5～7天1次。

茄子灰霉病

发病症状 茄子灰霉病是茄子的主要病害，棚室内普遍发生。流行时可造成减产20%～30%，重者可达50%。严重影响产量、产值和早期上市。全国各地均有发生。

茄子苗期、成株期均可发生灰霉病。

茄子灰霉病为害花器

茄子灰霉病为害茎部

幼苗染病，子叶先端枯死。后扩展到幼茎，幼茎缢缩变细，常自病部折断枯死，真叶染病出现半圆形至近圆形淡褐色轮纹斑，后期叶片或茎部均可长出灰霉，致病部腐烂。

成株染病，叶、花、果均可受害。叶片受害多从叶尖或叶缘开始，初呈褪绿水渍状，后向叶内扩展，形成“V”字形病斑，密布灰色霉层，严重的大斑连片，致整叶干枯。花器受害，花瓣萎蔫；茎秆、叶柄染病也可产生褐色病斑，湿度大时长出灰霉。果实染病，幼果果蒂周围局部先产生水浸状褐色病斑，扩大后呈暗褐色，凹陷腐烂，表面产生不规则轮状灰色霉状物，失去食用价值。

茄子灰霉病侵染萼片

茄子灰霉病为害果实

病　　原　灰葡萄孢，属半知菌亚门真菌。

发病规律　病菌以菌核、菌丝体或分生孢子随病残体遗留在土壤中越冬，借助气流、农事操作传播，病部产生分生孢子或菌丝体进行再侵染。温度18～20 ℃、空气相对湿度90%以上的高湿条件利于发病。春季阴雨连绵，光照弱，或持续晴雨相间，发病率上升。棚室内如不及时放风则易诱发本病。连年种植茄子或茄科作物，使灰霉病菌基数较高，气候条件一旦适宜，易发病。栽培过密，植株徒长，管理粗放，发病重。

防治方法

（1）农业防治：

①收获后和种植前彻底清除棚室内病残体。病害发生初期及时清除病叶、病花、病果，为防止病菌分生孢子飞散传播，可用塑料袋套住发病的叶、花、果，带到棚室外集中烧毁或深埋，防止再侵染。及时摘除生命力衰弱、败谢且仍留在果实上的花冠，防止病菌侵染。

②选用抗病品种。

③与非寄主作物轮作。

④合理施用氮、磷、钾肥，忌偏施氮肥，增施磷、钾肥提高抗病能力。

⑤加强管理，经常擦拭棚膜，增强棚室内的光照，避免连阴雨天浇水，浇水应选择晴天的上午，同时，密闭棚室，增温至30 ℃时再放风排湿。白天应尽可能延长放风时间，防止湿度过大，叶面结露。室外最低气温为8 ℃以上时，夜间不要关闭风口。湿度特别高时应开启前部放风口，加强排湿。连阴雨天气也要坚持适量放风。

⑥7～8月高温季节密闭大棚15～20天，利用太阳能，使棚内温度达到50～60 ℃，最高达到70 ℃，进行高温闷棚消毒。

（2）药剂防治：

①露地栽培：发病初期喷25%啶菌噁唑乳油1 000倍液，或50%乙烯菌核利干悬浮剂1 000～1 300倍液，或40%嘧霉胺悬浮剂1 000～1 500倍液，50%多菌灵·乙霉威可湿性粉剂500～800倍液。每隔10天喷1次，连喷2～3次。注意交替使用。

②棚室栽培：用旧苗床育苗要消毒，结合播种撒施50%福美双可湿性粉剂15～22.5千克/公顷。定植前用50%腐霉利可湿性粉剂1 500倍液，或50%多菌灵可湿性粉剂500倍液淋苗，要求无病苗进棚。发病初期用6.5%甲基硫菌灵·乙霉威超细粉尘剂，或5%百菌清粉尘剂800～1 000克/亩，在早晨和傍晚喷较好。或用10%腐霉利烟剂250～300克/亩熏一夜，每隔7～9天喷粉或熏烟1次，连喷3次以上。晴天棚室中可以喷50%腐霉利可湿性粉剂2 000倍液，或45%噻菌灵悬浮剂3 000～4 000倍液，或50%异菌脲可湿性粉剂1 500倍液，或60%多菌灵超微粉剂600倍液。

茄子枯萎病

本病别名茄子萎蔫病。

发病症状 病株叶片自下向上逐渐变黄枯萎，病症多表现在一、二层分枝上，有时同一叶片仅半边变黄，另一半健全如常。病茎维管束变褐色，易与黄萎病混淆。果皮发干，光泽度不好，品质下降。枯萎的病程较长，15～30天枯死。

病　　原　尖镰孢菌茄专化型，属半知菌亚门真菌。

发病规律　病菌以菌丝体或厚垣孢子随病残体在土壤中或附着在种子上越冬，营腐生生活。病原一般从幼根或伤口侵入寄主，进入维管束，堵塞导管，并产生有毒物质镰刀菌素，扩散导致病株叶片黄枯而死。病原通过水流或灌溉水传播蔓延。土温28 ℃左右，土壤潮湿，连作地，移栽或中耕时伤根多，植株生长势弱，发病重；此外，酸性土壤及线虫取食造成伤口利于本病发生。

茄子枯萎病症状（王久兴）

防治方法

（1）农业防治：

①实行3年以上轮作。

②施用充分腐熟的有机肥，采用配方施肥技术，适当增施钾肥，提高植株抗病力。

③选用耐病品种。

④以托鲁巴姆作为茄子嫁接砧木进行嫁接育苗，嫁接苗高抗枯萎病。

（2）药剂防治：

①种子消毒：用0.1%硫酸铜浸种5分钟消毒，洗净后催芽播种。

②新土育苗或床土消毒：用50%多菌灵可湿性粉剂8～10克，加土拌匀，先将1/3药土撒在畦面上，然后播种，再把其余药土覆在种子上。

③发病初期，喷洒50%多菌灵可湿性粉剂或36%甲基硫菌灵悬浮剂500倍液，此

外，可用10%混合氨基酸铜络合物水剂，或12.5%增效多菌灵浓可溶剂200倍液灌根，每株灌兑好的药液100毫升，30%多菌灵·福美双可湿性粉剂300～500倍液，或14%络氨铜水剂300～400倍液，或70%噁霉灵可湿性粉剂2 000倍液，向基部喷淋或浇灌药液每株300～500 mL，隔7～10天灌1次，连续灌3～4次。

茄子绵疫病

发病症状 本病为茄子的主要病害，茄子各生育期均可受害，发病重，损失超过50%。全国各地均有发生。

茄子绵疫病症状

在幼苗期感病，胚茎基部呈水渍状，发展很快，常出现猝倒，引起幼苗枯死。

成株期发病一般多在接近地面的果实上先发病。在果实上初生水浸状圆形或近圆形黄褐色至暗褐色稍凹陷病斑，边缘不明显，扩大后可蔓延至整个果面，内部变褐腐烂。潮湿时斑面产生白色棉絮状霉。病果落地或残留在枝上，失水变干后形成僵果。叶片发病多从叶尖或叶缘开始，病斑圆形，初呈暗绿色，后变为褐色，有明显轮纹，潮湿时，边缘不明显，斑面产生稀疏的白霉，干燥时，病斑边缘明显，不产生白霉。嫩枝发病，初呈水渍状，后变褐缢缩以致折断，其上部枝叶萎蔫枯死。

病　　原 茄疫霉，属鞭毛菌亚门真菌。

发病规律 病菌发育温度8～38 ℃，以25～30 ℃为最适。相对湿度85%以上，有利于孢子形成，95%以上菌丝生长旺盛。病菌主要以卵孢子随病残体在地上越冬。条件适宜时，卵孢子经雨水溅射到茄子果实上侵染为害，后又在病斑上长出孢子囊，萌发后形成游动孢子，借风雨传播，形成再侵染。盛果期高温多雨，利于发病。地势低洼，土壤黏重，重茬地，雨后田间易积水，过度密植，通风不良，易引起发病。果皮厚的品种较抗病，长茄系品种较圆茄系品种易发病。

防治方法

（1）农业防治：

①选用抗病品种。

②与非茄果类蔬菜轮作3～4年。

③选择容易排水的地块种植，冬季深翻土地，多施有机肥和磷、钾肥；采用高垄栽培，南北行向，做到易排易灌。

④合理密植，及时打去脚叶使田间通风。及时清理烂果、病叶，收获后收集病株残体烧毁或深埋。杜绝病菌蔓延。

⑤施足底肥，及时追肥，增施磷、钾肥，避免偏施氮肥。

（2）物理防治：55 ℃的温水浸种15分钟或50 ℃的温水浸种30分钟。

（3）药剂防治：

①用福尔马林300倍液浸种15分钟，用清水洗净后播种。

②幼苗期选用75%百菌清可湿性粉剂600倍液，或40%乙膦铝可湿性粉剂200倍液或65%代森锌可湿性粉剂500倍液，7天左右喷1次，连续喷2～3次。

③在茄苗定植时，用70%甲基硫菌灵可湿性粉剂，或75%敌克松可湿性粉剂1：100配成药土，穴施或沟施药土1 125～1 500千克/公顷。

④发病前用25%甲霜灵可湿性粉剂500倍液，或80%三乙磷酸铝600倍液灌根，150毫升/株，视天气每10天灌1次。

⑤发病初期喷药防治，常用80%代森锰锌可湿性粉剂600倍液，或72%霜脲氰·代森锰锌可湿性粉剂800倍液，或69%烯酰吗啉·代森锰锌可湿性粉剂900倍液，或70%乙膦铝·代森锰锌可湿性粉剂500倍液，或58%甲霜灵·代森锰锌可湿性粉剂400～500倍

液，或72.2%霜霉威水剂700～800倍液，或687.5克/升霜霉威盐酸盐·氟吡菌胺悬浮剂800～1 200倍液。每隔7天喷1次，连续喷2～3次。

茄子根腐病

发病症状 茄子根腐病是一种由土传病原侵染引起的大面积死秧病害。发病率达40%，个别地块达90%，甚至绝产，造成了巨大的经济损失。全国各地均有发生。该病主要侵染茄子根部和茎基部。发病初期病株叶片白天萎蔫，早晚可恢复，随病情发展，叶片恢复能力降低，反复多日后叶片逐渐变黄干枯，最后失去恢复能力，最终整株黄枯而死。根、茎基部表皮为褐色腐烂状，木质部外露，植株枯萎死亡。

茄子根腐病（王久兴）

病　　原 腐皮镰孢菌，属半知菌亚门真菌。

发病规律 病原在土壤中及病残体上越冬，可在土中长期存活。病原从根部伤口侵入。高温、高湿有利于发病，连作地，低洼地，土壤黏重，发病重。

防治方法

（1）农业防治：

①与十字花科、百合科蔬菜实行2～3年轮作。

②高畦栽培，平整土地，防止大水漫灌，雨后及时排水。

③苗期发病要及时松土，增强土壤透气性。

④采用茄子嫁接，也能有效地控制茄子根腐病的发生。

（2）药剂防治：

①用50%苯菌灵可湿性粉剂与适量细土拌匀，在定植前均匀撒入定植穴中。

②发病初期可用50%苯菌灵可湿性粉剂800倍液，或50%甲基托布津可湿性粉剂500～800倍液或20%甲基立枯磷乳油800～1 000倍液等药液灌根，一般每株灌药液0.2～0.3升，每7～10天灌1次，连续灌2～3次。

茄子炭疽病

发病症状 本病主要为害茄果。病斑近圆形至椭圆形，直径长达数厘米，边缘深褐色，中部淡褐色至褐色，有的稍凹陷，或隐现轮纹，斑面出现朱红色小点或小黑粒。病斑向纵深发展，致果肉变褐腐烂，病果不能食用。

病　　原 平头刺盘孢，属半知菌亚门真菌。

茄子炭疽病病果（王久兴）

发病规律 病菌以菌丝体和分生孢子盘随病残体遗落在土中存活越冬，也可以分生孢子黏附在种子表面越冬。病菌分生孢子盘上产生的分生孢子作为初侵染与再侵染接种体，主要依靠雨水溅射传播，也可借助昆虫活动传播，从伤口或表皮贯穿侵入致病。发病的最适温度为24 ℃左右，相对湿度97%以上。温暖多湿的天气病害严重，烂果多。当气温达30 ℃以上时，天气干旱的条件下发病扩展停止。重茬地，地势低洼，排水不良，氮肥过多，植株郁闭或通风不良，植株生长势弱的地块发病重。

防治方法

（1）农业防治：

①与非茄果类蔬菜实行轮作。

②施用充分腐熟的有机肥。

（2）物理防治：用55 ℃温水浸种10分钟后，放入冷水中冷却后催芽播种。

（3）药剂防治：

①用种子重量0.3%的50%多菌灵可湿性粉剂或25%溴菌腈可湿性粉剂拌种。

②发病初期，喷25%咪鲜胺乳油600倍液，或50%福美双·福美锌可湿性粉剂600～800倍液，或50%混杀硫悬浮剂800～1 000倍液，或50%苯菌灵可湿性粉剂1 500倍液，或50%多菌灵可湿性粉剂500倍液，或25%腈苯唑悬浮剂1 000倍液，或25%溴菌腈可湿性粉剂500倍液，或75%百菌清可湿性粉剂1 000倍液，或70%甲基硫菌灵可湿性粉剂1 000倍液。7～15天喷1次，连续喷2～3次，前密后疏，交替喷施。

茄子菌核病

发病症状 整个生育期均可发病。往往造成门茄、对茄的花蕾、幼果腐烂脱落，轻者造成产量、品质下降，重者可造成绝产。全国各地均有发生，尤以长江流域及其以南地区发生严重。

苗期发病始于茎基，病部初呈浅褐色水渍状，湿度大时，长出白色棉絮状菌丝，呈软腐状，无臭味，干燥后呈灰白色，菌丝集结为菌核，病部缢缩，茄苗枯死。

茄子菌核病为害果柄

成株期各部位均可发病。先从主茎基部或侧枝5～20厘米处开始，初呈淡褐色水渍状病斑，稍凹陷，渐变灰白色，湿度大时也长出白色絮状菌丝，皮层霉烂，在病茎表面及髓部形成黑色菌核，干燥后髓空，病部表面易破裂，纤维呈麻状外露，致植株枯死；叶片受害先呈水浸状，后变为褐色圆斑，有时具轮纹，病部长出白色菌丝，干燥后斑面易破；花蕾及花受害，呈水渍状湿腐，终致脱落；果柄受害致果实脱落；果实受害端部或向阳面初现水渍状斑，后变褐腐，稍凹陷，斑上长出白色菌丝体，后形成菌核。

病　　原　核盘菌，属子囊菌亚门真菌。

茄子菌核病枝干上长出白色絮状菌丝

茄子菌核病为害植株部位长出白色絮状菌丝

发病规律　病菌主要以菌核在田间或塑料棚土壤内越冬。菌丝生长及菌核形成最适温度为20 ℃，最高为35 ℃。春天茄子定植后菌核萌发，抽出子囊盘即散发子囊孢子，随气流传到寄主上，由伤口或自然孔口侵入。棚内3月底开始发病，5月上旬达发病高峰。早春连续阴雨、棚内低温高湿、种苗及土壤带菌是茄子菌核病发生的重要条件。地膜覆盖栽培良好的大棚，发病较少。覆膜不平，膜下杂草丛生，利于菌核萌发，加重病害发生。病健株接触，可引起发病。

防治方法

（1）农业防治：

①菌核病严重的田块，应实行水旱轮作或与禾本科作物轮作，避免与茄果类或十字花科蔬菜连作。

②定植前耕翻土壤20～25厘米，埋没菌核；定植时全面覆盖地膜，阻止子囊盘出土。

③选用无滴膜覆盖，可明显减少水滴。早春追施粪水宜选择在晴天上午进行，忌阴天或下午施粪水，避免夜间棚内湿度过大。

④注意通风，以降低棚内湿度，夜间注意覆盖保温，以防植株受冻，诱发染病。

⑤发现病株及时拔除，或剪下病枝，打去病叶，疏掉病花烂果，带到棚外销毁。

（2）物理防治：用52 ℃温水浸种30分钟，杀死菌核。

（3）药剂防治：

①用种子重量0.3%～0.5%的50%多菌灵可湿性粉剂或50%腐霉利可湿性粉剂拌种。

②每亩用50%多菌灵可湿性粉剂4～5千克，对干土适量，充分混匀撒于畦面，然后耙入土中，可减少初侵染源。

③用福尔马林20～30克/米^{2}加水2.5～3千克，均匀喷在土上，用潮湿的草帘或薄膜严密覆盖，闷2～3天揭开覆盖物，摊开经15～20天待药气散尽以后再播种。

④用25%多菌灵可湿性粉剂20克/米^2，加干细土0.5～1千克撒施于大棚畦面上，然后播种、假植或定植。

⑤在防落素或2，4–D蘸花液中加入0.1%的腐霉利或异菌脲，防病保果。

⑥定植后，用50%多菌灵可湿性粉剂1 000倍液灌根。

⑦出现中心病株时喷50%多菌灵可湿性粉剂500倍液，或50%混杀硫悬浮剂500倍液，或36%甲基硫菌灵悬浮剂500倍液，或50%苯菌灵可湿性粉剂1 200倍液，或20%甲基立枯磷乳油900倍液，或50%腐霉利可湿性粉剂1 500倍液，或50%异菌脲可湿性粉剂1 500倍液，或50%乙烯菌核利可湿性粉剂，或40%菌核净可湿性粉剂1 000倍液交替使用。每隔7～10天喷1次，连续喷3～4次。

⑧连续阴雨天发病时，用10%腐霉利烟剂，或45%百菌清烟剂250～300克/亩，于傍晚均匀布点，闭棚熏一夜。每隔7～10天熏1次，连续熏2次。

茄子青枯病

本病别名细菌性枯萎病。

茄子青枯病

茄子青枯病茎剖面图

发病症状 茄子被害，初呈淡绿色，变褐焦枯，病株苗期不表现症状，到开花结果期才开始发病。初期个别枝条的叶片或一张叶片的局部呈现萎垂，后逐渐扩展到整株枝条上。初期叶片枝条呈淡绿色，中后期植株呈青枯状凋萎，后期变褐焦枯，病叶脱落或残留在枝条上。病株最初仅白天萎蔫，傍晚以后恢复正常。2～3天病株即死亡，若气温较低，土壤含水量较大或连日阴雨的条件下，病株可持续1周左右才枯死。病株茎基部木质部变褐色，一直延伸到上面枝条的木质部。枝条里面的髓部大多腐烂空心。湿度大时，用手挤压病茎的横切面，有乳白色的黏液渗出。

病　　原 青枯假单孢菌，属细菌。

发病规律 病菌主要随病株残体遗留在土壤中越冬，从根部或茎基部的伤口侵入，在导管里繁殖蔓延。高温、高湿是该病发生的条件。病菌生长适温为30～37 ℃，最高

41 ℃，最低10 ℃，土温为25 ℃时，田间发病出现高峰，52 ℃经10分钟致死。病菌在种子或寄主体内可存活200天左右，一旦脱离寄主只能存活2天，但在土壤中则可存活14个月至6年之久。通过雨水、灌溉水、农具、家畜等传播。雨后转晴、气温急剧上升时会造成病害的严重发生。连作、微酸性土壤及灌水不当、定植伤根、地下害虫多，发病重。

防治方法

（1）农业防治：

①与葱、蒜轮作4年以上，最好进行水旱轮作。

②选用无病种子或耐病品种。

③选无病土育苗，定植地块每亩增施石灰50～100千克，使土壤偏碱性。

④及时拔除病株，防止病害蔓延，在病穴上撒少许石灰防止病菌扩散。

⑤高畦栽培，做好田间排水，避免大水漫灌。

⑥生长中后期，停止中耕以防止伤根，收获后及时清除病残株，集中烧毁。

（2）药剂防治：

①用0.1亿活孢子/克多黏类芽孢杆菌细粒剂300倍液浸种，或苗床泼浇0.3克/米^2。

②发病初期立即拔除病株，72%农用硫酸链霉素可溶性粉剂4 000倍液，或77%硫酸铜钙可湿性粉剂600倍液，或77%氢氧化铜可湿性粉剂500倍液，或14%络氨铜水剂350倍液灌根。每株灌0.3～0.5升，每10天灌1次，连灌2～3次。

茄子软腐病

发病症状　茄子软腐病主要为害果实。病果初生水渍状斑，后致果肉腐烂，具恶臭，外果皮变褐色，失水后干缩，挂在枝杈或茎上。

病　　原　胡萝卜软腐欧氏菌胡萝卜软腐致病变种，属细菌。

发病规律　病菌随病残体在土壤中越冬，随雨水、灌溉水在田间传播，成为翌年田间发病的初侵染源。此后病菌通过蛀果害虫继续传播，由果实伤口侵入，导致病害流行。病原菌在4～36 ℃都能生长繁殖，最适温度为27～30 ℃。在缺氧条件下也能生长发育。不耐阳光和干燥，在日光下暴晒2小时，大部分死亡。阴雨天或露水未干时整枝打杈，虫害伤口多，发病重；低洼潮湿的地块、阴雨连绵的天气，均能加重病害。

茄子软腐病症状（王久兴）

防治方法

（1）农业防治：

①与非茄科或非十字花科蔬菜轮作。

②及时清除病果，带出田外烧毁或深埋。

③培育壮苗，适时定植，合理密植。雨季及时排水，避免田间积水。

④棚室栽培要加强放风，防止棚内湿度过高。

（2）药剂防治：

①雨前雨后及时喷洒72%农用硫酸链霉素可溶性粉剂4 000倍液，或72%新植霉素可湿性粉剂4 000倍液，或50%琥胶肥酸铜可湿性粉剂500倍液，或27%碱式硫酸铜悬浮剂600倍液，或2%多抗霉素800倍液，或77%氢氧化铜可湿性粉剂500倍液，或47%春雷霉素·碱性氯化铜可湿性粉剂800～1 000倍液，或14%络氨铜水剂300倍液等交替预防，每隔6～7天喷1次，采收前3天停止用药。

②及时喷杀虫剂防治棉铃虫等蛀果害虫。

茄子细菌性叶斑病

发病症状 本病主要为害叶片，严重时为害花、蕾。叶片从苗期到成株期均可感病，多始于生长点幼叶的叶尖和叶缘，从叶缘向内沿叶脉扩展，病斑形状不规则，淡褐色至褐色，严重时干枯脱落。患部在露水干前，手摸斑面有质黏感。花蕾感病多在萼片上产生灰色斑，以后扩展到花器和花梗上，直到花蕾干枯。

茄子细菌性叶斑病（王久兴）

病　　原 假单胞杆菌，属细菌。

发病规律 病菌以菌丝体随病残体遗落在土中存活越冬，依靠雨水溅射传播，从水孔或伤口侵入致病。温暖多湿、株间郁闭有利于发病。

防治方法

（1）农业防治：

①与非茄科蔬菜轮作3年以上。

②采用热水烫种的方法处理种子，然后用10%的磷酸三钠药液浸种20分钟杀菌。

③对大棚和土壤进行杀菌消毒。扣棚后，每个标准大棚用硫黄粉2千克点燃后闷棚7～10天。

④实行全方位地膜覆盖，防止浇水量过大，应及时通风排湿。

（2）药剂防治：发病初期可用77%氢氧化铜可湿性微粒粉剂500倍液，或47%春雷霉素·碱性氯化铜可湿性粉剂800～1 000倍液，或30%氧氯化铜悬浮剂600倍液，或72%农用硫酸链霉素可溶性粉剂4 000倍液，或14%络氨铜水剂200～300倍液，喷施叶面，每隔7～10天喷1次，连喷2～3次，最好在风雨前后喷药。

茄子病毒病

发病症状 茄子病毒病症状复杂，常见有三种症状。花叶型：整株发病，叶片黄绿相间，形成斑驳花叶，老叶产生圆形或不规则暗绿色斑纹，心叶稍显黄色。坏死斑点型：病株上位叶片出现局部侵染性紫褐色坏死斑，大小0.5～1毫米，有时呈轮点状坏死，叶面皱缩，呈高低不平萎缩状。大型轮点型：叶片产生由黄色小点组成的轮状斑点，有时轮状斑点也坏死，病株结果性能差，多成畸形果。

茄子病毒病花叶型

病　　原 为病毒，包括烟草花叶病毒(TMV)、黄瓜花叶病毒(CMV)、蚕豆萎蔫病毒(BBWV)、马铃薯X病毒(PVX)等，单独或复合侵染。TMV、CMV主要引起花叶型症状，BBWV引起斑点状坏死，PVX引起大型轮点。

发病规律 TMV、PVX主要随病残体在土壤、种子或其他宿根植物上越冬，并通过田间操作和工具接触传病。CMV除可通过汁液传播外，主要靠蚜虫传毒。BBWV主要靠蚜虫和汁液摩擦传毒。高温干旱，管理粗放，田边杂草多，蚜虫发生量大，发病重。

防治方法

（1）农业防治：

①因地制宜选用抗病品种。与非茄科作物实行3年以上轮作。

②田间作业前用肥皂洗手，减少人为传播。

③施用充分腐熟的有机肥，适时浇水，中耕培土，促根系发育，增强抗病力。

④田间发现病株及时拔除，铲除田间以及周边杂草，收获后清洁田园。

⑤建立无病留种田，选用不带病毒的种子。

⑥防治蚜虫：在温室、大棚内或露地畦间悬挂或铺银灰色塑料薄膜或尼龙纱网，可有效驱避菜蚜，必要时喷药杀蚜，减少传毒媒介。

（2）药剂防治：

①播种前进行种子消毒，可用10%的磷酸三钠溶液浸种20～30分钟，而后用清水洗净后再播种；或将种子用冷水浸泡4～6小时，再用1.5%硫酸铜·三十烷醇·十二烷基硫酸钠乳剂1 000倍液浸10分钟，捞出直接播种。

②病毒病发生时，可用20%盐酸吗啉胍·乙酸铜可湿性粉剂500倍液，或0.5%抗毒剂1号水剂300倍液，或3.85%盐酸吗啉胍·三十烷醇水乳剂500倍液，或20%苦参碱·硫黄·氧化钙水剂500倍液，或5%菌毒清水剂500倍液，或2%宁南霉素水剂200～300倍液，或1.5%硫酸铜·三十烷醇·十二烷基硫酸钠乳剂1 000倍液等喷雾，每隔5～7天喷1次，连喷2～3次。

茄子根结线虫病

发病症状 本病主要发生于茄子的根部，尤以侧根和须根上根结线虫寄生多。受害部位长出许多近球形的瘤状物，似念珠状相互连接，初为乳白色，后变为褐色或黑色。瘤状物阻碍根的发育，使根的功能消失，须根萎缩。地上部植株前期受害症状不明显，中期表现为生长缓慢，叶色发黄，后期随着病情发展，植株萎蔫不能恢复，直至枯死。解剖根结有很小的乳白色线虫埋于其内。

病　　原 爪哇根结线虫，属植物寄生线虫。

发病规律 茄子根结线虫主要分布在5～30厘米深的土层中，以幼虫或卵随病残体在土壤中越冬，田间主要随病土、病苗、浇水和农事操作传播。翌年，越冬的幼虫或越冬卵孵化出幼虫，由根部侵入，引致田间初侵染，后循环往复，不断地进行再侵染。土温

25～30℃、土壤持水量40%左右，病原线虫发育快。地势高燥、土质疏松、重茬地发病重。

茄子根结线虫病为害幼苗

茄子根结线虫病为害

防治方法

（1）农业防治：

①与非茄科作物进行2～3年的轮作，降低土壤中根结线虫的数量，减轻对下茬的为害。

②将土壤深翻25～30厘米，把虫卵翻入深层，减轻为害。

③选用无病土育苗。

④及时连根清除田间病残株，深埋或焚烧，消灭虫卵来源。

⑤收获后，条件允许时，可灌水淹地几个月，使根结线虫失去侵染力。

⑥夏季高温天气，利用太阳能提高地温，进行土壤消毒。大棚栽培棚膜不撤，用麦秸或稻草1 000千克/亩铺平闷盖，然后翻耕整平、灌水，再密闭大棚15～20天。对根结线虫及枯萎病等土传病害有较好的防治效果。

（2）药剂防治：

①播种或分苗前15～20天，用98%～100%棉隆微粒剂5～6千克/亩，撒施或沟施，深度20厘米，用药后立即覆土，有条件可洒水封闭或覆盖塑料薄膜，熏闷7天后松土通气，然后播种，可有效杀灭土中根结线虫。

②播种或定植时，用6%硫线磷颗粒剂或10%克线磷颗粒剂3～4千克/亩，拌土后穴施或沟施，也可用20%丙线磷颗粒剂，或用1.8%阿维菌素乳油，每平方米用药1毫升对水5～6千克，将药剂均匀喷洒在地面上，然后立即翻入土中或5亿活孢子/克淡紫拟青霉颗粒剂3～5千克/亩处理土壤。

三、番茄

番茄立枯病

发病症状 刚出土的幼苗及大苗均能受害，但多发生于育苗的中后期，病苗茎基部变褐，产生椭圆形褐色斑，逐渐凹陷，并向四周扩展，最后绕茎基一周，造成病部收缩、干枯。早期病苗白天萎蔫，夜晚恢复，病害加重时逐渐枯死，枯死病苗多立而不倒，故称为立枯病。在湿度大时，病部产生淡褐色稀疏丝状霉。

辣椒立枯病（王久兴）

茄子立枯病

病　　原 立枯丝核菌，属半知菌亚门真菌。

发病规律 病菌以菌丝体或菌核在土壤中及病残体上越冬，腐生性极强，可在土壤中存活2～3年。病菌生长的最适温度为17～28 ℃，低于2 ℃或高于30 ℃，病菌生长受到抑制。主要通过雨水、灌溉、农具、带菌的堆肥等传播。在适宜条件下，病菌可直接侵入寄主，温暖多湿、播种过密、浇水过多，有利于发病。高温、高湿有利于病菌生长。春季育苗或播种过密、不及时放风、湿度控制不当、大水漫灌、幼苗徒长时，易引起发病。

番茄立枯病1

番茄立枯病2

防治方法

（1）农业防治：同辣（甜）椒猝倒病。

（2）药剂防治：播种前进行温汤浸种或药剂拌种，可采用种子量0.3%的代森锰锌可湿性粉剂或50%福美双可湿性粉剂拌种。

在发病期，药剂喷雾可降低病害的发生，采用20%甲基立枯磷乳油1 500倍液，或5%井冈霉素水剂1 500倍液，或70%甲基托布津可湿性粉剂800倍液，或15%恶霉灵水剂500倍液，7～10天喷1次，连喷2～3次，兼防猝倒病。

番茄早疫病

番茄早疫病又称轮纹病、夏疫病。

发病症状　苗期、成株期均可染病，主要侵害叶、茎、花、果等部位，以叶片和茎叶分枝处最易感病。

幼苗期茎基部发病，病斑常包围整个幼茎呈黑褐色，引起腐烂，幼苗枯倒。

成株期一般从下部老叶开始发病，逐渐向上扩展。叶片染病初呈针尖大小的黑点，后发展为不断扩展的黑褐色轮纹斑，边缘多具浅绿色或黄色晕环，中部有同心轮纹，且轮纹表面生有毛刺状物，湿度大时病斑上生有灰黑色霉状物。叶柄受害，生椭圆形轮纹斑，深褐色或黑色，一般不将茎包住；茎部染病，多在分枝处产生褐色至深褐色不规则或椭圆形病斑，凹陷或不凹陷，表面生灰黑色霉状物。青果染病，始于花萼附近，初为椭圆形或不规则褐色或黑色斑，凹陷，直径10～20毫米，有同心轮纹，后期病果易开裂，病部表面着生黑色霉层，病部较硬，提早变红。常引起落叶、落果和断枝，尤其大棚、温室中发病严重。

番茄早疫病病叶1

番茄早疫病病叶2

病　　原　茄链格孢，属半知菌亚门真菌。

发病规律　病菌以菌丝或分生孢子在病残体或种子上越冬，成为翌年初侵染源。病菌萌发后可从番茄叶片、花、果实等的气孔、皮孔或表皮直接侵入，形成初侵染，经2～3天潜育后出现病斑，3～4天产出分生孢子，并通过气流、雨水、灌水或农事操作进行多次再侵染。早疫病的发生与气温、相对湿度、降水量、可溶性固形物含量、叶片生理年龄及品种耐病性有直接关系。湿度是病害发生与流行的主导因素。当番茄进入旺盛生长及果实迅速膨大期，基部叶片开始衰老，病菌在番茄田得以积累，这时遇有持续5天均温21 ℃左右、降水2.2～46毫米，相对湿度大于70%的时间大于49小时，该病即开始发生和流行。相对湿度80%以上，温度20～25 ℃最易发病。春季保护地栽培，番茄定植后，昼夜温差大，塑料薄膜上常结有小水珠，并落在叶片上，形成一层水膜，利于病害发生。每年雨季到来的迟早，雨日的多少，降水量的大小和分布，均影响相对湿度的变化及番茄早疫病的扩展。此外，该菌属兼性腐生菌，田间管理不当或大田改种番茄后，常因基肥不足发病重。

防治方法

（1）农业防治：

①大面积实行3年以上与非茄科作物轮作，避免与土豆、辣（甜）椒、茄子连作。

②种植抗、耐病品种。选择适当的播种期，加强田间管理，施足腐熟的有机肥，适时追肥，合理密植，以促进植株生长健壮，提高对病害的抗性。

③早期及时摘除病叶、病果，并带出田外集中销毁。番茄拉秧及时清除田间残株、落花、落果，结合翻耕土地，搞好田间卫生。

④注意雨后及时排水。

⑤保护地番茄重点抓生态防治。大棚内要注意保温和通风，每次灌水后一定要通风，以降低棚内空气湿度。早春定植时昼夜温差大，相对湿度高，易结露，有利于此病的发生和蔓延。尤其需要调整好棚内水、气的有机配合。在整枝时应避免与有病植株相互接触，可以减轻病害的发生。

（2）药剂防治：

①种子处理。种子要用55 ℃温水浸泡15～20分钟，然后再常温浸4～5小时后催芽播种，或采用2%武夷菌素水剂100倍液浸种60分钟，或用种子重的0.4%的50%克菌丹可湿性粉剂拌种。也可用2.5%咯菌腈悬浮种衣剂10毫升加水150～200毫升，混匀后可拌种

3～5千克，包衣晾干后播种，可有效杀死黏附于种子表皮或潜伏在种皮内的病菌。

②栽前棚室消毒。连年发病的温室、大棚，在定植前密闭棚室后按每100平方米空间用硫黄0.25千克，锯末0.5千克，混匀后分几堆点燃熏烟一夜。

③生长期用药。在番茄苗期，病害发生前应注意用保护剂预防病害的发生，如77%氢氧化铜可湿性粉剂800～1 000倍液，或70%代森锰锌可湿性粉剂600～800倍液，或75%百菌清可湿性粉剂600～800倍液。茎叶均匀喷雾，视天气和番茄生长情况每7～10天喷1次。保护地栽培时，结合其他病害的预防，可以用45%百菌清烟剂或10%腐霉利烟剂200～250克/亩，在傍晚封闭棚室后施药，将药分放于5～7个燃放点，5～10天熏1次，也可每亩喷撒5%百菌清粉尘剂1千克，视病情间隔7～10天喷一次药。在田间开始发病、部分叶片或茎秆上有病斑发生时，应及时喷施治疗剂，以保护剂和治疗剂混用效果好。可用10%苯醚甲环唑水分散粒剂1 500倍液+75%百菌清可湿性粉剂600倍液，或40%嘧霉胺悬浮剂1 000～1500倍液+75%百菌清可湿性粉剂600～800倍液，或50%苯菌灵可湿性粉剂800～1 000倍液+75%百菌清可湿性粉剂600～800倍液，或25%溴菌腈可湿性粉剂500～1 000倍液+70%代森锰锌可湿性粉剂700倍液，或560克/升嘧菌酯·百菌清悬浮剂800～1 200倍液。茎叶喷雾，视病情隔7天喷1次。为防止产生抗药性，提高防治效果，提倡轮换交替或复配使用。茎部发病，也可把50%扑海因可湿性粉剂配成180～200倍液，涂抹病部。

番茄晚疫病

本病又称番茄疫病。

发病症状　本病主要为害幼苗、叶片、茎和果实，以叶片和青果发病重。

幼苗期染病，叶片初呈水浸状暗绿色，叶柄处腐烂，病斑由叶片向主茎蔓延，使茎变细并呈黑褐色，引起全株萎蔫或折倒，湿度大时病部表面产生稀疏的白色霉层。

成株期多从植株下部叶片的叶尖或叶缘开始发病，初为暗绿色水浸状不规则病斑，扩大后转为褐色，湿度大时病斑叶背病健交界处长出白色霉层。茎和叶柄上病斑呈水浸状黑褐色腐败状，使植株萎蔫。青果发病在近果柄处产生油浸状暗绿色云纹状不规则病斑，后变成暗褐色至棕褐色，稍凹陷，边缘明显，云纹不规则，果实坚硬，湿度大时病部有少量白霉。可造成大量烂果、死株。

番茄晚疫病病叶

番茄晚疫病病果

番茄晚疫病茎枝症状1

番茄晚疫病茎枝症状2

番茄晚疫病茎枝症状3

番茄晚疫病植株1

番茄晚疫病植株2

病　　原　致病疫霉菌，属鞭毛菌亚门真菌。

发病规律　病菌主要在保护地栽培的番茄上越冬，有时可以在落入土中的病残体上越冬。病菌借气流或雨水传播，从番茄气孔、伤口或表皮直接侵入，在田间形成中心病株，进行多次再侵染，引起该病流行。尤其中心病株出现后，伴随雨季到来，病势扩展迅速。当白天气温24 ℃以下、夜间10 ℃以上、相对湿度75%～100%、持续时间长，易发病。因此，降雨早晚、雨日多少、雨量大小及持续时间长短是决定本病发生和流行的重要条件。地势低洼、排水不良、田间湿度大，易发病。在反季节栽培时，出现以上发病条件，此病也会大发生或大流行。

防治方法

（1）农业防治：

①种植抗病品种。

②采用营养钵、营养袋或穴盘等培育无病壮苗。

③与非茄科作物实行3年以上轮作。

④选择地势高燥、排灌方便的地块种植，合理密植。采用配方施肥技术，合理施用氮肥，增施磷、钾肥。

⑤切忌大水漫灌，雨后应及时排水。

⑥加强通风透光，保护地栽培时要及时放风，缩短植株叶面结露或出现水膜时间，及时打杈，防止棚室高湿条件出现。

（2）物理防治：用55 ℃温水浸种15～20分钟，然后再常温浸种4～5小时后催芽播种。

（3）药剂防治：该病发展蔓延较快，田间发现中心病株时应及时进行防治，施药时注意治疗剂和保护剂结合施用，以防止病害再侵染。

①喷雾防治：在发病初期，喷药防治。常用农药有72%霜脲氰·代森锰锌可湿性粉剂400～600倍液，72.2%霜霉威盐酸盐水剂800倍液、58%甲霜灵·代森锰锌可湿性粉剂500倍液、69%烯酰吗啉·代森锰锌可湿性粉剂900倍液、687.5克/升霜霉威盐酸盐·氟吡菌胺悬浮剂800～1 200倍液、250克/升吡唑醚菌酯乳油1 500～3 000倍液、72.2%霜霉威盐酸盐水剂800～1 000倍液+10%氰霜唑悬浮剂2 000～2 500倍液，每隔7～10天喷施1次，连续防治3～4次。

②熏烟或喷粉防治：棚室栽培出现中心病株后，每亩施用45%百菌清烟剂200～250克熏治或喷撒5%百菌清粉尘1 000克。视病情间隔7～10天喷1次药。

番茄灰霉病

发病症状 苗期、成株期均可发病，为害叶、茎、花和果实。

苗期染病，子叶先端变黄后扩展至幼茎，产生褐色至暗褐色病变，病部缢缩、折断或直立，湿度大时病部表面生浓密的灰色霉层。真叶染病，产生水渍状白色不规则病斑，后呈灰褐色水渍状腐烂。幼茎染病，亦呈水渍状缢缩，变褐变细，造成幼苗折倒，高湿时产生灰色霉状物。

番茄灰霉病病茎

番茄灰霉病病叶1

番茄灰霉病病叶2

番茄灰霉病病花

番茄灰霉病病果1

番茄灰霉病病果2

番茄灰霉病病果3

番茄灰霉病叶柄表现

成株期叶片发病，多从叶尖开始向内发展，病斑呈“V”字形，开始为水浸状浅褐色边缘不规则深浅相间的轮纹病斑，潮湿时病部长出灰霉，干燥时病斑呈灰白色；茎发病后，初期产生水浸小点，后扩展成长椭圆形或条形病斑，高湿时长出灰褐色霉层，严重时引起病部以上枯死；果实发病，主要在青果期，先侵染蒂部残留的柱头或花瓣，后向果面或果梗发展，果皮变成灰白色、水浸状、软腐，病部长出灰绿色绒毛状霉层，果实失水后僵化。

病　　原　葡萄孢菌，属半知菌亚门真菌。

发病规律　病菌在土壤中或病残体上越冬或越夏。病菌随气流及雨水或农事传播，从伤口、衰老器官或枯死的组织侵入，沾花是重要的人为传播途径。花期是侵染的高峰期，果实膨大期是发病盛期。病菌发育适温为18～23 ℃，相对湿度90%以上时易发病，持续高湿是本病发生和蔓延的主导因素。连续阴雨、田间郁闭、植株生长弱、通气不良，易暴发流行。

防治方法

（1）农业防治：

①用新土育苗。

②与非茄科作物进行轮作。

③栽培密度不可过大。保护地栽培遇低温、高湿天气要加强通风。冬季或早春，上午棚内尽量保持较高的温度，使棚顶露水雾化；下午适当延长放风时间，以降低棚内湿度；夜间要适当提高棚温，避免叶面结露。

④发病初期控制浇水，不可大水漫灌，一般浇水要在晴天上午进行。

⑤发病后及时摘除病枝、病叶和病果，集中深埋或烧毁。

（2）药剂防治：第一次用药在定植前用50%腐霉利可湿性粉剂1 500倍液，或50%多菌灵可湿性粉剂500倍液喷淋番茄苗，要求无病苗进棚；第二次在沾花时带药。第一穗果开花时，在配好的2,4-D或防落素稀释液中，加入0.1%的50%腐霉利可湿性粉剂或50%异菌脲可湿性粉剂进行沾花或涂抹，使花器着药；第三次在浇催果水前一天用药，以后看天气情况确定，如遇连阴雨天气，气温低，可再防1～2次，间隔7～10天。果实快速膨大期是番茄灰霉病高发期，应注意施药防治，每次喷药前把番茄的老叶、黄叶、病叶、病花、病果全部清除，以减少菌源基数，并利于植株下部通风透光。喷药要周到，施药时抓住三个位置：一是中心病株周围，二是植株中下部，三是叶片背面。做到早发现中心病株及早防治。要注意保护剂和治疗剂混施，达到预防和治疗的效果，可用25%啶菌噁唑乳油1 000～2 000倍液+50%克菌丹可湿性粉剂400～600倍液，或50%腐霉利可湿性粉剂1 000～1 500倍液+75%百菌清可湿性粉剂600～800倍液，或21%过氧乙酸水剂1 000～1 500倍液，或50%乙烯菌核利水分散粒剂800～1 000倍液，连续喷药3次以上，每次间隔7天。

保护地栽培，在发病初期，每亩用10%腐霉利烟剂250～300克熏一夜，每隔7～9天熏1次，也可用6.5%甲基硫菌灵·乙霉威超细粉尘剂，或5%百菌清粉尘剂喷粉，每亩1千克。

番茄枯萎病

番茄枯萎病又称半边枯。

发病症状 本病多在开花结果期开始发病。发病初期，先从植株下部叶片开始发黄枯死，依次向上蔓延，有时植株一侧叶片发黄，另一侧为正常绿色，发病严重时整株叶片褐色萎蔫枯死，但不脱落。或一片叶一边发黄而另一边正常。剖开病茎可见维管束变黄褐色。潮湿环境下，病株茎基部产生粉红色霉层。

番茄枯萎病植株

番茄枯萎病根部

病　　原 番茄尖镰孢菌番茄专化型，属半知菌亚门真菌。

发病规律 病菌可随病残体在土壤中或附着在种子上越冬，土壤中营腐生生活。带菌种子进行远距离传播。播种带菌种子，也可引起幼苗发病。多在分苗、移栽定植或中耕时从根系伤口、自然裂口、根部侵入，在维管束内蔓延，堵塞导管，并产生有毒物质，引起叶片发黄。高温、高湿有利于病害发生。土壤偏酸、地下害虫较多、土壤板结发病重。连作年限多，施用未腐熟粪肥，或追肥不当烧根，植株生长衰弱，抗病力降低，病情加重。

番茄枯萎病茎基部剖面

防治方法

（1）农业防治：

①与非茄科作物实行3年以上轮作。

②施用充分腐熟的有机肥，采用配方施肥技术，适当增施钾肥，提高植株抗病力。

③选用耐病品种。

④采用新土育苗，或床土消毒。

（2）药剂防治：

①种子处理：用55 ℃温水浸种15～20分钟，或用0.1%硫酸铜溶液浸种5分钟，洗净后再常温浸种4～5小时催芽播种，也可用种子重量0.3%的70%敌磺钠可溶性粉剂拌种后再播种。

②土壤处理：每平方米床面用50%多菌灵可湿性粉剂8～10克，加土4～5千克拌匀，先将1/3药土撒在畦面上，播种后再把多余药土覆在种子上。发现零星病株，要及时拔除，定植穴填入生石灰覆盖踏实，杀菌消毒。

③在田间初见发病时，用70%恶霉灵可湿性粉剂2 000倍液，向茎基部喷淋或浇灌药液，每株300～500毫升，视病情隔7～10天灌1次；发病普遍时，可用70%敌磺钠可溶性粉剂500倍液浇灌根部，每株灌药液300～500毫升，视病情隔5天灌1次。

番茄白粉病

发病症状　本病常发生在番茄生长中后期，为害叶片、叶柄、茎及果实。主要为害中部和下部叶片，初在叶面出现褪绿色小点，扩大后呈不规则粉斑，表面生出白色絮状物。起初霉层较稀疏，渐稠密后呈毡状，病斑扩大连片或覆满整个叶面。有的病斑发生于叶背，病部正面出现黄绿色边缘不明显斑块，后期整叶变褐枯死。其他部位染病，病部表面也产生白粉状霉斑。

番茄白粉病1

番茄白粉病2

病　　原　有性阶段为鞑靼内丝白粉菌，属子囊菌亚门真菌，无性阶段为辣椒拟粉孢，属半知菌亚门真菌。

发病规律　温室、大棚栽培末期发生较多，中下部叶片易发病。

防治方法

（1）农业防治：选用抗病品种，加强棚室温、湿度管理。采收后及时清除病残体，减少越冬菌源。

（2）药剂防治：发病初期，棚室可选用烟雾法。45%百菌清烟剂250～300克/亩，用暗火点燃熏一夜。

喷药防治，可选用25%乙嘧酚磺酸酯乳油1 500倍液、25%乙嘧酚悬浮剂1 500～2 500倍液，或30%醚菌酯悬浮剂2 000～2 500倍液，或30%氟菌唑可湿性粉剂1 500～2 000倍液，或10%苯醚甲环唑水分散粒剂1 000～1 500倍液，或15%三唑酮可湿性粉剂2 000倍液+25%丙环唑乳油4 000倍液，隔7～15天喷1次，连续防治2～3次。

番茄绵疫病

本病又称褐色腐败病、番茄掉蛋。

发病症状　本病主要为害未成熟的果实，也为害叶片。先在近果顶或果肩部出现表面光滑的淡褐色斑，逐渐形成同心轮纹状斑，渐变为深褐色，皮下果肉也变褐色。湿度大时，病部长出白色霉状物，病果多保持原状，不软化，易脱落。叶片染病，其上长出大型水浸状褪绿斑，渐腐烂，有的可见同心轮纹。

番茄绵疫病病果（王久兴）

病　　原　有三种，分别是寄生疫霉、辣椒疫霉、茄疫霉，均属鞭毛菌亚门真菌。

发病规律　病菌随病残体越冬，借雨水或灌溉水传播，病菌飞溅到近地面的果实上，从果皮侵入而发病，发病后病部作为再侵染源。7～8月高温多雨季节、或低洼、土质黏重地块，发病重。

防治方法

（1）农业防治：

①与非茄科作物轮作。选择排水良好、地势高的地块种植。

②定植前精细整地，沟渠通畅，做到深开沟、高培土，降低土壤含水量。

③及时整枝打杈，去掉老叶、内膛叶，使果实四周空气流通。

④采用地膜覆盖栽培，避免病原菌通过灌溉水或雨水反溅到植株下部叶片或果实上。

⑤及时摘除病果，深埋或烧毁。

（2）药剂防治：发病初期喷药，常用72%霜脲氰 · 代森锰锌可湿性粉剂800倍液，或72.2%霜霉威水剂800倍液，或50%烯酰吗啉可湿性粉剂2 000倍液，或25%烯肟菌酯乳油900倍液，或25%嘧菌酯悬浮剂800倍液，或66.8%丙森锌 · 异丙菌胺可湿性粉剂700倍液，靠近地面的部位要重点喷药，保护果穗，适当喷洒地面。

番茄黑斑病

本病又称钉头斑病、指斑病。

发病症状 本病主要为害果实，近成熟的果实最易发病。果实上的病斑为灰褐色至淡褐色，圆形至椭圆形，稍凹陷，有明显的边缘，果实上有一个或几个病斑，大小不等。湿度大时病斑上生有黑色霉状物。后期病果腐烂。

番茄黑斑病病果（王久兴）

病　　原 番茄钉头斑交链孢霉，属半知菌亚门真菌。

发病规律 病菌随病残体在土壤中越冬。借气流传播，种植地低洼、管理粗放、肥水不足、植株生长衰弱或果实有伤口易发病。温暖多湿的天气对该病发生有利。

防治方法

（1）农业防治：

①加强水肥管理，施足粪肥，适时追肥，使植株稳生稳长可减少受害。

②及时摘除病果，收获后彻底清除病残体，并带到田外深埋。

（2）药剂防治：

①种子处理：播前种子消毒，用55 ℃热水浸种15～20分钟，然后再常温浸种4～5小时，也可用种子重量的0.3%的50%福美双可湿性粉剂或50%灭菌丹可湿性粉剂拌种。

②生长期防治：发病初期，可用10%苯醚甲环唑水分散粒剂1 500倍液，或50%甲基硫菌灵·硫黄悬浮剂800～1 000倍液，或50%福美双·异菌脲可湿性粉剂800～1 000倍液，棚室中每次用45%百菌清烟剂200～250克/亩熏治。

番茄叶霉病

番茄叶霉病又称黑霉病，俗称黑毛。

番茄叶霉病初期症状

番茄叶霉病中期症状

番茄叶霉病后期症状

番茄叶霉病田间表现

发病症状 本病可为害叶片、茎、花和果实，以叶片受害较重。叶片发病时，叶背初呈椭圆形或不规则淡黄色或淡绿色的褪绿斑，后在病斑上长出灰白色、灰褐色至黑褐色的绒状霉层；叶片正面呈淡黄色褪绿斑，边缘不明显，条件适宜时，叶片正面也会长出霉层。发病多从老叶开始，渐由下向上部新叶发展蔓延，发病严重时叶片由下向上逐渐卷曲，植株呈黄褐色而干枯。也能为害嫩茎和果柄，并可延及花部，引起花器凋萎或幼果脱落。果实染病自蒂部向四周扩展，产生近圆形硬化的凹陷斑，病斑上长出灰褐色至黑褐色霉层。

病 原 褐孢霉，属半知菌亚门真菌。

发病规律 病菌在病残体或种子上越冬，借气流传播，病菌从幼苗或成株叶片、萼片、花梗等部位侵入，进行初侵染和再侵染。播种带病种子能引起幼苗发病。病菌发育温度为9～34 ℃，最适温度为20～25 ℃。当气温为22 ℃左右，相对湿度高于90%时利于发病。该病从开始发病到流行成灾，一般需半个月左右。相对湿度低于80%，不利于病菌侵染和病斑扩展。连阴雨天气，大棚通风不良，棚内湿度大或光照弱，叶霉病扩展迅速。

防治方法

（1）农业防治：

①选用抗病品种。从无病植株上选择留种。

②与瓜类和豆类蔬菜实行3年以上轮作。

③采用生态防治，重点是控制温、湿度，增加光照，预防高湿、低温。加强水分管理，浇水在上午，苗期浇小水，定植时灌透，开花前不浇，开花时轻浇，结果后重浇，浇水后立即排湿，尽量使叶面不结露或缩短结露时间。

④露地栽培时，雨后及时排出田间积水。

⑤增施充分腐熟的有机肥，避免偏施氮肥，增施磷、钾肥，及时追肥，并进行叶面喷肥。及时整枝打杈、绑蔓，坐果后适度摘除下部老叶。

（2）药剂防治：

①棚室消毒。定植前每立方米温室大棚用硫黄粉5克、锯末10克混合后分装几处，点火后密闭烟熏一夜。

②种子处理。播种前用55 ℃温水浸种15～20分钟，然后再常温浸种4～5小时，或采用2%武夷菌素水剂浸种，或用种子重量的0.4%的50%克菌丹可湿性粉剂拌种。也可用2.5%咯菌腈悬浮种衣剂10毫升加水150～200毫升，混匀后可拌种3～5千克，包衣后播种。

③生长期防治。在温室、大棚中每亩每次用6.5%甲基硫菌灵·乙霉威粉剂800～1 000克，或10%异菌脲·福美双粉尘剂1 000克，采用直接喷粉，使超细的粉尘在棚室内悬浮、分散，叶片的正反面和茎枝均匀受药，视病情间隔7～10天用药1次。还可以使用45%百菌清烟雾剂200～250克/亩，在傍晚封闭棚室后施药，将药分放于5～7个燃放点烟熏。开始发病时，应及时喷药防治，常用药剂有25%啶菌噁唑乳油800倍液+75%百菌清可湿性粉剂500倍液，40%氟硅唑乳油4 000倍液+75%百菌清可湿性粉剂600倍液，30%氟菌唑可湿性粉剂1 500～2 000倍液+50%克菌丹可湿性粉剂500倍液，30%醚菌酯悬浮剂2 500倍液，50%腐霉利可湿性粉剂1 000～2 000倍液。

番茄炭疽病

发病症状 本病只为害果实，尤其是成熟果实。发病初期果实表面产生水浸状透明小斑点，扩大后呈圆形或近圆形黑色病斑，略凹陷，有同心轮纹，其上密生小黑点，湿度大时表面有淡红色黏质物，后期引起果实腐烂或脱落。

病　　原 果腐刺盘孢，属半知菌亚门真菌。

发病规律 病菌随病残体遗留在土壤中越冬，也可以潜伏在种子上，发芽后直接侵染幼苗，借雨水或灌溉水传播蔓延。经伤口或直接穿透表皮侵入，未着色的果实染病后潜伏到果实成熟显症。生长后期，病斑上产生的病菌通过雨水溅射到健果上，进行再侵染。高温、高湿发病重，成熟果实受害多。重茬地，地势低洼，排水不良，氮肥过多，植株郁闭或通风不良，植株生长势弱的地块发病重。

番茄炭疽病病果1

番茄炭疽病病果2

防治方法

（1）农业防治：

①与非茄果类蔬菜实行3年以上轮作。

②施用充分腐熟的有机肥。采用高畦或起垄栽培。

③及时清除病残果，带出田外集中处理。保护地要避免高温、高湿条件出现。

（2）物理防治：种子处理，用55 ℃温水浸种15～20分钟，然后再常温浸种4～5小时。

（3）药剂防治：绿果期开始喷药，常用农药有70%代森锰锌可湿性粉剂400倍液，36%甲基硫菌灵悬浮剂500倍液，50%多菌灵可湿性粉剂600倍液，80%福美双 · 福美锌可湿性粉剂800倍液，20%苯醚甲环唑 · 咪鲜胺微乳剂2 500～3 500倍液，10%苯醚甲环唑水分散粒剂1 500倍液，25%溴菌腈可湿性粉剂500倍液。轮换使用药剂有利于提高防效。每隔7天左右喷施1次，连续喷施3～4次。

番茄灰叶斑病

发病症状 本病主要为害叶片，很少为害茎，不为害果实。发病初期，叶面布满圆形暗褐色小斑点，呈水浸状，并沿叶脉向四周扩大，发展为不规则病斑。病斑中部渐褪为灰白色至灰褐色。病斑稍凹陷，小而多，直径2～4毫米，极薄，后期易破裂、穿孔或脱落。茎上病斑为暗褐色小斑点。苗期和成株期均可发病。

番茄灰叶斑病病叶（王久兴）

病　　原 无性态称为茄匐柄霉菌，属半知菌亚门真菌，有性态番茄格孢腔菌，属子囊菌亚门真菌。

发病规律 病菌随病残体在土壤中或潜伏在种子上越冬。翌年当温度和湿度适宜时进行初侵染，病菌通过风雨传播，进行再侵染。温暖潮湿、阴雨天气及结露持续时间长是发病的重要条件。土壤肥力低、植株生长衰弱时，发病重。

防治方法

（1）农业防治：

①选用抗病品种。

②增施有机肥及磷、钾肥。

③收获后及时清除病残体，集中烧毁。

④棚室浇水改在上午，注意通风，防止棚内湿度过高，减少叶面结露持续的时间。

（2）药剂防治：番茄生长期，结合其他病害的防治，注意喷施保护剂，可用68.75%噁唑菌酮 · 代森锰锌水分散粒剂1 000～1 500倍液，或70%代森联干悬浮剂

600～800倍液。田间发病初期可用47%春雷霉素·氧氯化铜可湿性粉剂700倍液，或50%异菌脲可湿性粉剂1 500倍液，或10%苯醚甲环唑水分散粒剂2 000倍液+70%代森锰锌可湿性粉剂600～1 000倍液喷雾防治，视病情每隔7～10天防治1次，连续防治2～3次。棚室栽培在发病初期可用5%春雷霉素·王铜粉尘剂，或7%敌菌灵粉尘剂，或5%异菌脲·福美双粉尘剂每次1 000克/亩；也可以每亩用15%腐霉利·百菌清烟剂200克防治。

番茄茎基腐病

发病症状 本病仅为害茎基部，即为害大苗或定植后番茄茎基部或地下主侧根。发病初期茎基部或根茎部皮层逐渐变为淡褐色至黑褐色，致皮层腐烂，绕茎基部一圈后病部失水干缩，叶片变黄、萎蔫，枯死。根部不腐烂。纵剖病茎基部，可见木质部变为暗褐色。

番茄茎基腐病

病　　原 立枯丝核菌，属半知菌亚门真菌。

发病规律 本病为土传病害，病菌随病残体在土壤中存活和越冬，可在土壤中腐生2～3年。翌春条件适宜时，借水流、农具传播。阴雨天气、土壤湿度大、通风透光条件差、茎基有损伤，易发病。多在进入结果期时发病。

防治方法

（1）农业防治：

①与非茄科作物实行3年以上轮作。

②施用腐熟的有机肥作底肥，增施磷、钾肥。

③适期育苗，加强苗床管理。及时通风降湿，注意防病和炼苗，避免弱苗、病苗或苗龄过长。

④适当稀植，采用高畦双行种植。

⑤雨后及时排水。

⑥及时清除病株及杂草。

（2）药剂防治：

①种子处理：先将种子在凉水中浸泡10分钟，捞出后在55 ℃温水中浸种15～20分钟，然后再常温浸种4～5小时；也可用50%恶霉灵可湿性粉剂600倍液浸种30分钟后催芽播种。

②育苗时进行土壤消毒，每平方米苗床可用40%五氯硝基苯粉剂与50%福美双可湿性粉剂按1∶1混合，每8克药剂加营养土4千克拌匀成药土，播前一次浇透底水，待水渗下后，取1/3药土撒在畦面上，把催好芽的种子播上，再把余下的2/3药土覆盖在上面。

③田间发病初期，可用20%甲基立枯磷乳油1 200倍液，或75%百菌清可湿性粉剂600倍液，或40%拌种双悬浮剂800倍液，采用喷淋或浇灌的方式，每株250毫升药液，7～10天喷1次。还可用40%拌种双可湿性粉剂，每平方米表土施药9克，与土拌匀后施于病株基部，覆盖病部。也可在病部涂抹40%五氯硝基苯粉剂200倍液+50%福美双可湿性粉剂200倍液。

番茄煤霉病

发病症状　本病为害叶片、叶柄及茎。叶片发病后在叶背面产生淡黄绿色近圆形或不规则淡褐色至褐色病斑，边缘不明显，斑面上产生褐色绒毛状霉层，霉层可覆盖整个叶背，叶正面出现淡黄色周缘不明显的病斑，后期病斑变为褐色，发病严重的，病叶破裂穿孔。叶柄和茎发病也常长出褐色绒毛状霉层。

番茄煤霉病病叶（王久兴）

病　　原　煤污尾孢，属半知菌亚门真菌。

发病规律　病菌随病残体在土壤中越冬。遇适宜条件时病菌借气流或雨水传播，形成初侵染。病部产生病菌借风雨传播，进行再侵染。当气温高于25 ℃，遇阴雨天气，特别是地势低洼、土质黏重、栽培密度大、田间郁闭、通透性差、阵雨转晴，或气温高、田间湿度大，利于发病。

防治方法

（1）农业防治：

①选用抗病品种，与非茄果类蔬菜轮作3年以上。

②保护地栽培要调节好棚室的温度和湿度，注意通风，做好生态防治。

③露地选择通风、远离保护地的田块，采取高畦栽植，适当密植。

④采用配方施肥技术，提高植株抗病力。

⑤收获后及时清除田间病残体并集中销毁。

（2）药剂防治：发病初期及时喷药，常用农药有50%甲基硫菌灵可湿性粉剂500倍液，50%苯菌灵可湿性粉剂1 000～1 500倍液，50%混杀硫悬浮剂500倍液，65%甲基硫菌灵·乙霉威可湿性粉剂800～900倍液。每隔10天左右防治1次，连续防治2～3次。

番茄灰斑病

发病症状　本病为害番茄叶片、茎和果实。发病初期叶片上出现褐色小点，逐渐扩展为椭圆形或近圆形的大病斑。病斑上着生小黑点，呈轮纹状排列，边缘暗色，易破裂或脱落。发病后期病斑迅速扩大至叶片的1/3～3/4。茎部发病多始于中上部的枝杈处，初为暗绿色水浸状，后变黄褐色或灰褐色不规则斑，病部粗糙，边缘褐色，也有小黑点，轮纹不明显，易折断或半边枯死。严重的茎髓部腐烂、中空或仅残留维管束组织。发病果实蒂部附近呈

番茄灰斑病病叶（王久兴）

水浸状黄褐色凹陷斑，并产生深褐色轮纹状排列小点，后果实腐烂。病部不软化腐败，一般较坚实。

病　　原　番茄壳二孢菌，属半知菌亚门真菌。

发病规律　病菌随病残体在土壤内及地表越冬，翌年遇雨及灌溉水时侵染植株，田间病菌不断积累，引起病害的发生和流行。病菌主要靠雨水和气流传播，当保护地气温上升至20 ℃以上时易发病。生产上栽培密度过大、田间郁闭、棚室内湿度较大、放风不及时均易发病。

防治方法

（1）农业防治：

①及时清除病果及病残体，集中烧毁、深埋，减少侵染源。

②与非茄科作物实行2～3年以上轮作。

③适当降低栽培密度，棚室栽培浇过水后注意及时放风排湿，以降低室内湿度。

（2）药剂防治：发病初期开始喷药，用50%乙烯菌核利干悬浮剂1 000～1 300倍液进行茎叶喷雾，每隔7～10天喷1次，共喷3～4次。常用药还有50%异菌脲悬浮剂1 500倍液，70%甲基硫菌灵可湿性粉剂500～800倍液+75%百菌清可湿性粉剂600倍液，50%苯菌灵可湿性粉剂1 500倍液。每隔7～10天防治1次，连续防治2～3次。

番茄疫霉根腐病

发病症状　本病多发生在茎基部或根部。发病初期茎基部呈长条形水浸状暗褐色病斑，病斑扩大后斑面凹陷，严重时病斑绕茎基部或根部一周，地上部分逐渐枯死。茎基和根部纵剖面可见维管束变为深褐色。发病后期根茎腐烂，不发新根，使整株枯死。高温条件下病部产生白色棉絮状稀疏的霉状物。

病　　原　寄生疫霉和辣椒疫霉，均属鞭毛菌亚门真菌。

发病规律　病菌在病残体上越冬，借灌溉水或雨水传播。主要通过伤口侵入，地温低、湿度大、持续时间长，定植过早，易发病。棚室栽培当连阴雨或大水灌溉后，棚室内湿度过大，若不及时通风排湿，易诱发病害并流行。夏季土温过高也易引起发病。

番茄疫霉根腐病

防治方法

（1）农业防治：

①与非茄果类、瓜类蔬菜进行3年以上轮作。

②施足基肥，多施有机肥；平整土地。

③适量浇水，严防大水漫灌，雨后及时排水，防止长期沤根。

④定植后做好棚室内温、湿度及地温管理，湿度大时放顶风排湿，地温低时松土提温。

（2）药剂防治：常用农药有72%霜脲氰·代森锰锌可湿性粉剂600～800倍液，65%氟吗啉·代森锰锌可湿性粉剂600～800倍液，72.2%霜霉威水剂800倍液。喷植株茎基部和地面，发病重直接用药液浇灌，每株250～300毫升，每隔7～10天灌1次。

番茄黄萎病

发病症状　番茄生长中后期发病，先是植株下部叶片侧脉间出现黄色斑驳，渐向上部发展。剖开病株茎部，导管变褐色，区别于枯萎病。重病株结果小或不能结果。

病　　原　大丽轮枝孢，属半知菌亚门真菌。

发病规律　病菌随病残体在土壤中越冬，可在土壤中长期存活。病菌借风、雨、流水或人畜及农具传播。气温低，定植时根部伤口愈合慢，利于病菌从伤口侵入。地势低洼，施用未腐熟的有机肥，灌水不当及连作地发病重。

番茄黄萎病田间表现

防治方法

（1）农业防治：

①选用抗病品种。

②与非茄科作物实行4年以上轮作，如与葱蒜类轮作效果较好，水旱轮作更理想。

③培育嫁接苗，可减轻病害。

（2）物理防治：种子处理。播种前种子用0.2%的50%多菌灵可湿性粉剂浸种1小时，移入冷水冷却后催芽播种。也可以在播种前进行温汤浸种，或用0.1%硫酸铜浸种5分钟，洗净后催芽，播种。

（3）药剂防治：苗期或定植前期喷50%多菌灵可湿性粉剂600～700倍液。苗床处理：营养钵或穴盘育苗，每平方米营养土中加入50%多菌灵可湿性粉剂5～10克+40%五氯硝基苯可湿性粉剂30～50克，混合均匀，装入营养钵或穴盘后播种；常规育苗，每亩用50%多菌灵可湿性粉剂3千克+70%敌磺钠可溶性粉剂1千克或加入40%五氯硝基苯可湿性粉剂与福美双可湿性粉剂1:1用1千克混拌细土12.5千克，配成药土，播前把1/3的药土撒入畦面播种，播后将其余2/3药土盖种。定植田每亩用50%多菌灵可湿性粉剂2千克进行土壤消毒。发病初期浇灌50%苯菌灵可湿性粉剂1 000倍液，或50%琥胶肥酸铜可湿性粉剂350倍液，每株250～300毫升。

番茄芝麻斑病

本病又称褐斑病。

发病症状 本病主要为害叶片，也为害叶柄、果柄及果实。发病初期叶片上出现直径1～10毫米圆形或近圆形的灰褐色病斑，病斑四周明显，病部变薄凹陷，具光亮，叶背病斑尤为明显；大病斑有时出现轮纹，湿度大时长有深褐色霉状物。叶柄、果梗染病，病斑呈灰褐色凹陷，湿度大时长出黑霉，病斑大小不等，有时呈条状。

番茄芝麻斑病（王久兴）

病　　原 番茄长蠕孢，属半知菌亚门真菌。

发病规律 病菌在病残体中越冬，条件适宜时借气流、雨水传播，从气孔侵入形成初侵染，潜育期2～3天后出现病斑。高温、高湿，特别是多雨季节易流行。田间潮湿，植株生长衰弱，种植过密，通风透光差，施肥不足，发病重。

防治方法

（1）农业防治：

①选用抗病品种。

②低洼或易积水地采取高畦深沟种植。

③合理密植，改善田间通透性。

④采收后清除病残体。

（2）药剂防治：发病初期喷药，常用农药有25%络氨铜水剂500倍液，77%氢氧化铜可湿性粉剂400～500倍液，70%甲基硫菌灵可湿性粉剂800～1 000倍液，每隔7～10天防治1次，连续防治2～3次。

番茄青枯病

本病又称细菌性枯萎病。

番茄青枯病1

番茄青枯病2

番茄青枯病病茎

发病症状 苗期虽有侵染，但不表现症状，直到番茄坐果初期，病株顶部、下部和中部叶片相继出现萎蔫，也有一侧叶片先萎蔫或整株叶片同时萎蔫的，一般中午明显，傍晚以后又恢复正常，病叶变浅绿色。病茎表皮粗糙，茎中下部增生不定根或不定芽，湿度大时病茎上可见初为水浸状后变褐色的1～2厘米斑块，病茎维管束变为褐色，横切病茎，用手挤压或经保湿，切面上维管束溢出白色菌液。发病后如果土壤干燥、气温偏高，数日后即枯死。病株萎蔫致死时植株仍保持绿色，故称青枯病。

病　　原 青枯假单胞菌，属细菌。

发病规律 病菌在土壤中的病残体上越冬，随雨水、灌溉水、农具和农事操作传播。病菌由根系或茎基部伤口侵入植株体内，在维管束内繁殖，并顺导管液流上升扩散，破坏或阻塞导管，引起番茄缺水，发生萎蔫。高温、高湿易诱发青枯病发生。此外，幼苗不壮、多年连作、中耕伤根、低洼积水，或控水过重、干湿不均，连阴雨或降大雨后暴晴，均易发生本病害。

防治方法

（1）农业防治：

①与十字花科或禾本科作物进行4年以上轮作，最好与禾本科作物进行水旱轮作。

②选用抗青枯病品种。

③选择无病地育苗，培育壮苗或嫁接育苗。夏秋育苗采用遮阳育苗。

④施用充分腐熟的有机肥或草木灰，采用高畦栽培。

⑤清除病株后，撒生石灰消毒，结合整地每亩撒施50～100千克，也可增施草木灰或其他钾肥。

⑥适当控制浇水，严禁大水漫灌，夏季高温期应改在清晨或傍晚浇水。

⑦中耕时要避免伤根。

（2）药剂防治：发病初期喷药或灌根，常用农药有72%农用硫酸链霉素可溶性粉剂4 000倍液，25%络氨铜水剂500倍液，77%氢氧化铜可湿性粉剂400～500倍液，每株灌0.3～0.5升，每隔10天灌根1次，连续灌2～3次。

番茄软腐病

番茄软腐病

发病症状　本病为害茎和果实。茎部发病多始于整枝、打杈造成的伤口，严重的髓部腐烂，失水后病组织干缩中空，病部维管束完整无损，病茎上端枝叶萎蔫，叶色变黄。果实感病主要在成熟期，果实的虫伤、日灼处开始发病。果皮虽保持完整，但内部果肉腐烂、有恶臭。

病　　原　胡萝卜软腐欧氏杆菌胡萝卜软腐

致病型，属细菌。

发病规律 病菌随病残体在土壤中越冬，借雨水、灌溉水及昆虫传播，从伤口侵入。茎部染病主要是整枝过晚，枝条过粗，或湿度大伤口难以愈合，细菌侵入。在阴雨天或露水未干时整枝打杈，虫伤多，发病重。

防治方法

（1）农业防治：

①选用无病种子。

②避免施用未腐熟的有机肥。

③早整枝打杈，避免阴雨天或露水未干之前整枝。

④做好果实遮蔽防止日灼，防治害虫蛀果。

（2）物理防治：播种前用55 ℃温水浸种15～20分钟，然后再常温浸种4～5小时。

（3）药剂防治：发病初期喷药，常用农药有50%琥胶肥酸铜可湿性粉剂500倍液，72%农用硫酸链霉素可溶性粉剂4 000倍液，77%氢氧化铜可湿性粉剂500倍液，25%络氨铜水剂500倍液。及时防治蛀果害虫，减少虫伤。

番茄疮痂病

发病症状 本病可为害叶、茎、果。近地面老叶先发病，先在叶背出现水浸状暗绿色斑点，扩大后形成近圆形或不规则褐色病斑，病斑边缘明显，四周具黄色环形窄晕环，内部较薄。病茎先出现水浸状暗绿色至黄褐色不规则病斑，病部稍隆起，裂开后呈疮痂状。为害着色前的幼果和青果，病果先出现水浸状褪绿圆形病斑，四周具稍隆起的白色小

番茄疮痂病果实（王久兴）

点，后中间凹陷呈暗褐色或黑褐色隆起环斑，呈疮痂状。

病　　原　野油菜黄单胞菌辣椒斑点病致病型属细菌。

发病规律　病菌随病残体在地表或附在种子表面越冬，条件适宜时通过风雨或昆虫传播，从伤口或气孔侵入。高温、高湿、阴雨天气是发病的重要条件。伤口多，管理粗放，植株衰弱，虫害造成伤口多，发病重。

防治方法

（1）农业防治：

①采用无病种子。

②重病田实行与十字花科或禾本科作物2～3年轮作。

③及时整枝打杈。

（2）药剂防治：

①种子处理，用55 ℃温水浸种15～20分钟后，移入冷水中冷却后播种，也可用1∶10农用硫酸链霉素浸种30分钟。

②发病初期喷药，常用农药有47%春雷霉素·王铜可湿性粉剂600倍液，50%琥胶肥酸铜可湿性粉剂400～500倍液，77%氢氧化铜可湿性粉剂400～500倍液，25%络氨铜水剂500倍液，72%农用硫酸链霉素可溶性粉剂4 000倍液，72%新植霉素可湿性粉剂4 000～5 000倍液。每隔7～10天防治1次，连续防治1～2次。

番茄溃疡病

发病症状　番茄幼苗至结果期均可发生溃疡病。苗期发病始于叶缘，幼苗自下而上逐渐萎蔫，有的在胚轴或叶柄处产生溃疡状凹陷条斑。成株发病，病菌在韧皮部及髓部迅速扩展，初期下部叶片凋萎或卷缩，似缺水状，一侧或部分小叶凋萎；茎内部变褐色，并向上下扩展，病斑长度可由一节扩展到几节，后期产生长短不一的空腔，最后下陷或开裂，茎略变粗，生出许多不定根。多雨或湿度大时菌脓从病茎或叶柄中溢出或附在其上，最后全株枯死，上部顶叶呈青枯状。果柄受害多由茎扩展进去，其韧皮部及髓部出现褐色腐烂，一直可伸延到果内，幼果皱缩、滞育、畸形和种子带菌。有时引起局部侵染，萼片表面生坏死斑，果面可见略隆起的白色圆点，单个的病斑直径3毫米左右，中央为褐色木栓化突起，称为“鸟眼斑”，有时连在一起形成不规则病区。“鸟眼斑”是病果的一种特异性症状，是由再侵染引起的，不一定与茎系统侵染同发生于一株。

病　　原　密执安棒杆菌番茄溃疡病致病型，属细菌。

发病规律　病菌在种子或病残体上越冬，可在土壤中存活2～3年。病菌从各种伤口侵入，也可从植株茎部或花柄处侵入，经维管束进入果实的胚，侵染种子脐部或种皮，致种子内带菌。当病健果混合采收时，病菌会污染种子，造成种子带菌。此外，病菌也可从叶片毛状体及幼嫩果实表皮直接侵入。病菌远距离传播主要靠种子、种苗及未加工果实的调运；近距离传播主要靠雨水和灌溉水，特别是连阴雨及暴风雨，通过分苗移栽及整枝打杈等农事操作进行传播蔓延。温暖潮湿、结露持续时间长及暴雨多，发病重。

番茄溃疡病植株

番茄溃疡病“鸟眼斑”病果（王久兴）

防治方法

（1）农业防治：

①严格检疫，对番茄生产用种严格检疫，严防其传播蔓延。

②建立无病留种地，从无病株采种。

③与非茄科作物实行3年以上轮作。

④用新苗床或采用营养钵育苗。

⑤选用抗病品种。

⑥采取高垄栽培，避免带露水进行农事操作。

⑦发现病株及时拔除，病穴用生石灰消毒。

⑧病后注意肥水管理，避免大水漫灌，不能偏施氮肥。

（2）药剂防治：旧苗床用40%福尔马林30毫升加3～4升水消毒，用塑料膜覆盖5天，揭开后过15天再播种。出现中心发病株时全田喷药，常用农药有50%琥胶肥酸铜可湿性粉剂400～500倍液，25%络氨铜水剂500倍液，77%氢氧化铜可湿性粉剂500倍液，47%春雷霉素·王铜可湿性粉剂600倍液，60%琥胶肥酸铜·乙膦铝可湿性粉剂500倍液，72%农用硫酸链霉素可溶性粉剂4 000倍液，20%叶枯双可湿性粉剂600～800倍液。

番茄病毒病

发病症状　本病发病症状主要有七种。

番茄花叶病毒病

番茄蕨叶病毒病

（1）花叶型：表现为叶片黄绿相间，或深浅相间斑驳，叶片略有皱缩，明脉，花少果小而劣，病株较健株略矮。

（2）蕨叶型：表现为植株不同程度矮化，上部叶片开始全部或部分变成线状，中下部叶片向上微卷，花冠加长增大，形成巨型花，结果少而小。

（3）条斑型：可在叶、茎、果等部位表现不同症状，在叶片上为茶褐色的斑点或云纹，在茎和果实上为黑褐色斑块，变色部分仅处在表层组织，不深入茎、果内部，严重时植株死亡。果实畸形、坚硬，条斑凹陷。

番茄条斑病毒病茎秆条斑坏死1

番茄条斑病毒病茎秆条斑坏死2

番茄条斑病毒病病果

番茄条斑病毒病坏死果

（4）斑萎型：其症状变化大。苗期染病，幼叶变为铜色上卷，后形成许多小黑斑，叶背面沿脉呈紫色，有的生长点死掉，茎端形成褐色坏死条斑，病株仅半边生长或完全矮化或落叶呈萎蔫状，发病早的不结果。坐果后染病，果实上出现褪绿环斑，绿果略凸起，轮纹不明显，青果上产生褐色坏死斑，呈瘤状突起，果实易脱落。成熟果实染病轮纹明显，红黄或红白相间，褪绿斑在全色期明显，严重的全果僵缩。

番茄斑萎病毒病果

（5）黄化曲叶型：表现为病株顶叶叶色褪绿或黄化，叶片变小，叶面皱缩，中部稍突起，边缘多向上卷起，病株矮化，不定枝丛生，染病早的多不能开花结果，发病轻的果实小而少。

番茄黄化曲叶病毒病

番茄黄化曲叶病毒病为害大田

番茄黄化曲叶病毒病病果

（6）卷叶型：表现为叶脉间黄化，叶片边缘上卷，小叶呈球形，扭曲成螺旋状畸形，整个植株萎缩，有时丛生，染病早的，多不能开花结果。

（7）巨芽型：表现为顶部及叶腋长出的芽大量分枝或叶片呈线状、色淡，致芽变大且畸形，病株多不能结果，或呈圆锥形坚硬小果。

番茄卷叶型病毒病（王久兴）

番茄巨芽型病毒病（王久兴）

病　　原　本病是由病毒引起的病害，引致番茄病毒病的毒源有20多种。主要有烟草花叶病毒（TMV），黄瓜花叶病毒（CMV）、烟草卷叶病毒（TLCV）、苜蓿花叶病毒（AMV）、番茄黄化曲叶病毒（TYLV）、马铃薯Y病毒（PVY）、番茄烟粉虱双生病毒（WTG）等。

发病规律　TMV在多年生植物或杂草上越冬，种子也带毒，成为初侵染源，主要通过汁液接触传染，只要寄主有伤口，即可侵入，附着在番茄种子上的果屑也能带毒。此外，土壤中的病残体、田间越冬寄主残体、烤晒后的烟叶、烟丝均可成为该病的初侵染源。CMV主要由蚜虫传播，汁液也可传播，冬季病毒多在宿根杂草上越冬，春季蚜虫迁飞传毒，引致番茄发病。番茄病毒病的发生与环境条件关系密切，一般高温干旱有利于发病和传播。施用过量的氮肥，植株组织生长柔嫩或土壤瘠薄、板结、黏重以及排水不良发病重。田间管理差，分苗、定苗、整枝等农事操作中病健株互相摩擦碰撞，都会导致发病。

防治方法

（1）农业防治：

①选用抗病品种。

②与非茄果类蔬菜轮作3年以上；有条件的可在土壤中加施石灰或硫黄粉，底肥增施磷、钾肥。

③采用大中棚育苗，培育健壮秧苗。

④10厘米地温稳定在12 ℃定植为宜。加盖地膜，促苗早发。要早中耕、晚打杈、早采收，满足肥水需要。

⑤定植后缓苗期喷洒0.01%增产灵或喷施1.4%复硝酚钠水剂6 000倍液，可提高植株对病毒病的抵抗力。

（2）药剂防治：

①种子处理，播种前用清水浸种3～4小时，再放在10%磷酸三钠溶液中浸40～50分钟，捞出后用清水冲净再催芽，或用0.1%高锰酸钾溶液浸种30分钟，洗后催芽。

②生长期防治，每亩用5%菌毒清水剂266～400克，于发病初期喷雾，一般喷雾3～5次（视病情而定），每隔7～10天喷1次，可在分苗前和定植前各喷1次，定植后喷第三次，可有效控制病毒病。常用农药还有氨基寡糖素+0.3克复硝酚钠1 000～1 500倍液，1.5%硫酸铜·三十烷醇·十二烷基硫酸钠乳剂1 000倍液，20%盐酸吗啉胍·乙酸铜可湿性粉剂500倍液，10%宁南霉素可溶性粉剂1 000～1 500倍液。

③及时防治蚜虫、粉虱、蓟马。

番茄根结线虫病

发病症状　该病的典型特征是在病株根部的须根或侧根上产生肥肿畸形瘤状结，剖开根结有很小的乳白色线虫埋于其内。一般在根结上可生出细弱新根，再度染病，则形成根结肿瘤。发病轻的地上部症状不明显，重病株矮小，生育不良，结实小，干旱时中午萎蔫或提早枯死。

番茄根结线虫病为害幼苗

番茄根结线虫病为害成株

病　　原　南方根结线虫，属植物寄生线虫。

发病规律　根结线虫常以2龄幼虫或卵随病残体遗留土壤中越冬，可存活1～3年。翌年条件适宜，越冬卵孵化为幼虫，继续发育并侵入寄主，刺激根部细胞增生，形成根结或瘤。线虫发育至4龄时交尾产卵，雄虫离开寄主进入土中，不久即死亡。卵在根结里孵化发育，2龄后离开卵壳，进入土中进行再侵染或越冬。初侵染源主要是病土、病苗或灌溉水。土温25～30 ℃，土壤持水量40%左右，病原线虫发育快；10 ℃以下幼虫停止活动，55 ℃经10分钟死亡。地势高燥、土壤质地疏松、盐分低的条件适宜线虫活动，有利发病，连作地发病重。

防治方法

（1）农业防治：

①与非寄主作物，最好与禾本科作物实行2～3年的轮作。

②高温闷棚，7～8月高温闷棚进行土壤消毒，可杀死土壤中根结线虫和土传病害。

③选用抗根结线虫品种，也可采用嫁接法防治根结线虫。

④选用无病土育苗。

⑤根结线虫多分布在3～9厘米表土层，深翻可减少为害。

⑥番茄生长期间发生线虫，应加强田间管理，彻底处理病残体，集中烧毁或深埋。

⑦合理施肥或灌水以增强寄主抵抗力。

（2）药剂防治：在播种或定植时，每平方米施用1.8%阿维菌素乳油1毫升，稀释2 000～3 000倍液，喷在地面上，立即翻入土中。或用10%噻唑膦颗粒剂1 500～2 000克/亩撒施，或用5%丁硫克百威颗粒剂5 000～7 000克/亩沟施，或5亿活孢子/克淡紫拟青霉颗粒剂3～5千克/亩处理土壤，或35%威百亩水剂4 000～6 000克，对水300～500千克，于播种前15天开沟将药灌入，覆土压实，15天后播种。

第二部分　生理性病害

一、辣（甜）椒

沤根

发病症状　沤根为苗期病害之一。沤根发生时，根部不发新根或不定根，幼根表面开始呈锈褐色，后逐渐腐烂。地上部生长受抑制，叶片变黄，不生新叶，中午前后萎蔫，甚至叶缘枯焦或成片干枯，幼苗容易拔起。

沤根（王久兴）

发病原因　床土持续低温（12 ℃以下）、高湿，造成缺氧状态，根系生理功能被破坏，形成沤根。

防治方法

（1）育苗床土温度控制在12 ℃以上。

（2）播种时一次浇足底水，低温下控制苗床湿度。

（3）增加光照，适量放风，加强炼苗。

（4）出现轻微沤根时，要提高床温，及时松土。叶面喷施复硝酚钠（0.3克+15千克水）。

辣（甜）椒“三落”

发病症状 辣（甜）椒落花、落叶、落果称为辣（甜）椒“三落”，在各茬栽培上都有发生。

辣（甜）椒落花

辣（甜）椒落果

发病原因 “三落”的直接原因是花柄、果柄和叶柄的基部组织形成了离层，与着生的组织自然分离脱落。既有生理的原因，也有病理的因素。主要有以下几个方面：

（1）冬、春季生产，温度太低，尤其在气温低于15 ℃，地温低于5 ℃时，根系停止生长，授粉、受精不良，地上部容易产生“三落”现象；春、夏季生产中温室超过35 ℃，地温超过30℃，高温干旱，授粉、受精不良，根系发育不好，容易出现“三落”现象。

（2）缺乏肥料或施用未腐熟的有机肥，造成烧根，根系功能受损伤，养分不足，易发生“三落”现象。

（3）栽培密度过大或氮肥施用过多，造成辣（甜）椒植株徒长，其营养生长和生殖生长失去平衡，使辣（甜）椒的花、果营养不足而脱落。

（4）土壤水分过多或干旱：土壤水分过多时，根系功能受阻或受到伤害，土壤干旱会使植株体内供水不协调，均能导致落花、落果。

(5)光照不足：连阴雾天，植株种植密度过大，大棚和温室采光不好，都会使植株生长瘦弱，营养供应不足，导致落花、落果。

(6)空气湿度大：空气水分过多时，花粉吸水膨胀会导致花粉失效。大棚内通风不良且湿度过大时，辣（甜）椒的花不能正常授粉而脱落。

（7）辣（甜）椒生长前期没有封垄，强光照射地面，根系吸收功能受阻，发生病毒病、炭疽病、疮痂病、白星病或受到茶黄螨、烟青虫、棉铃虫等为害，容易引发“三落”现象。

防治方法

（1）选用抗逆性强的优良品种。

（2）加强栽培管理，主要是培育壮苗，适时定植，合理密植或稀植。

（3）环境调控：早春注意提高地温和气温，保持气温在15 ℃和土温在18 ℃以上；夏季注意降温，气温不要超过30 ℃；冬、春季注意保持薄膜良好的透光性，增强光照；夏季栽培时最好能用遮阳网遮光，注意让植株尽快封垄，防止暴雨。

（4）水肥管理：科学浇水，不可过多或过少；合理施肥，施用腐熟的有机肥，增施磷、钾肥；培育壮苗，协调营养生长和生殖生长。前期注意控水控肥，促进根系生长，后期加强肥水管理，促进果实膨大。

（5）棚室内提倡膜下浇水，勿大水漫灌。

（6）病虫害防治：及早预防病毒病、炭疽病、叶斑病、茶黄螨、烟青虫等病虫害的发生。

辣（甜）椒脐腐病

脐腐病又称顶腐病或蒂腐病，主要为害果实。

发病症状　被害果实通常在花器残余部分及其附近出现暗绿色水浸状斑点，后迅速

扩大，呈黄白色或淡褐色，不规则，横径可达2～3厘米，甚至扩大至近半个果实。患部组织皱缩，表面稍下陷，常伴随弱寄生或腐生真菌的侵染而呈黑褐色或黑色，内部果肉也可变黑色，但仍较坚实。如遭软腐细菌侵染，则引起软腐。

辣椒脐腐病病果

甜椒脐腐病病果

发病原因

（1）脐腐病在高温干旱条件下易发生，水分供应失常常诱发本病。植株前期土壤水分充足，但生长旺盛时水分骤然缺乏，原来供给果实的水分被叶片夺取，致使果实突然大量失水，特别是果脐部所需的大量水分被叶片夺走，引起组织坏死而形成脐腐。

（2）植株不能从土壤中吸取足够的钙素，加之其移动性较差，果实不能及时得到钙的补充。当果实含钙量低于0.2%时，致使脐部细胞生理紊乱，失去控制水分能力而发生坏死，并形成脐腐。此外，土壤中氮肥过多，营养生长旺盛，果实不能及时补钙也会发病。在多数情况下土壤中不缺乏钙元素，主要是土壤中氮肥等化学肥料使用过多，使土壤溶液过浓，钙素吸收受到影响。

防治方法

（1）适时合理灌水：保证花期及结果初期有足够的水分供应。结果后及时均匀浇水防止高温为害，结果盛期以后，应小水勤灌。特别是黏性土壤，应防止浇水过多而造成缺氧性干旱。

（2）根外追肥：辣（甜）椒结果后1个月内，是吸收钙的关键时期。在坐果后喷洒1%过磷酸钙，或0.1%氯化钙，或0.1%硝酸钙溶液等，可提高植株的抗病能力。隔7～10天喷1次，连续防治2～3次。使用氯化钙及硝酸钙时，不可与含硫的农药及磷酸盐(如磷酸二氢钾)混用，以免产生沉淀。

（3）地膜覆盖：用地膜覆盖可保持土壤水分相对稳定，并能减少土壤中钙质等养分的流失。

（4）育苗或定植时要将长势相同的放在一起，以防个别植株过大而缺水，引起脐腐病。

（5）使用遮阳网覆盖，减少植株水分过分蒸腾，也对防治本病有利。

辣（甜）椒高温障碍

发病症状　叶片受害，叶绿素褪色，叶片上形成不规则斑块或叶缘呈漂白状，后变黄色。轻的仅叶缘呈烧伤状，重的波及半个叶片或整个叶片，终致永久萎蔫或干枯。

辣（甜）椒高温障碍（叶片受害较轻）

辣（甜）椒高温障碍（叶片受害较重）

发病原因

（1）保护地：主要是棚室温度过高，当白天棚温高于35 ℃，或40 ℃左右高温持续

时间超过4小时，夜间高于20 ℃，湿度低或土壤缺水，放风不及时或未放风，就会灼伤叶片，致茎叶损伤，叶片上出现黄色至浅黄褐色不规则斑块或果实异常。

（2）露地：在干旱的夏季，植株未封垄，叶片遮阴不好，土壤缺水及暴晒，也可引起高温障碍。

防治方法

（1）因地制宜选用耐热品种。

（2）使叶面温度下降。阳光照射强烈时，可采用部分遮阴法，或使用遮阳网防止棚室内温度过高。

（3）及时通风，降低棚室内的温度。

（4）喷水降温。

（5）移栽大田时采用双株合理密植，密植不仅可遮阴，还可降低土温。与玉米等高秆作物间作，利用阴凉降温。

辣（甜）椒畸形果

发病症状 畸形果是辣（甜）椒生产过程中常出现的问题之一，有时病果率很高。主要表现为果实生长不正常，长得像柿饼或蟠桃，或果实呈不规则形。有的甜椒果实从脐部开裂，各自不规则向外扩大产生无胎座多瓣异形开花果或裂瓣果，有的形成指形果，里面几乎无种子或种子发育不良。畸形果是一种生理病害，越冬种植的甜椒、彩色甜椒冬季和春季畸形果较多。

辣椒畸形果双身果1

发病原因 主要是由于辣（甜）椒在花芽分化或开花时遇上恶劣的天气条件，如温度过高或过低，辣（甜）椒的花芽分化不良或辣（甜）椒的花受精不良，或者是本来就没有发育完全。有些甜椒品种在开花坐果期出现高温干燥持续时间长和温差过大或浇水过多、施用氮肥过多或缺硼、钙，也会产生类似的畸形果。

辣椒畸形果双身果2

辣椒畸形果弯曲果

防治方法　目前对防止辣（甜）椒畸形果没有好的直接解决办法，但做好预防，可明显减少畸形果的出现。

（1）注意温度控制。秋季在辣（甜）椒开花坐果时，温度不宜过高，如果大棚内的温度超过35 ℃或32 ℃连续2小时以上，辣（甜）椒就会出现授粉或受精不良的情况。春节前后要注意避免大棚内的气温及地温过低，影响辣（甜）椒坐果，生产上施用沃达丰菌物生态复合肥及丰产宝等生物肥，可促进春节前后辣（甜）椒正常坐果。

甜椒畸形果1

甜椒畸形果2

（2）采用测土配方施肥技术，适时补肥。辣（甜）椒缺乏硼、钙等元素会导致畸形果，因此要注意经常喷洒含有硼、钙等元素的叶面肥或营养平衡剂，如叶面喷洒绿芬威3号以及硼酸或硼砂等。减少氮肥的施用量，增加钾肥，如磷酸二氢钾、硫酸钾等的施用量；及时喷洒甲壳丰或海力等营养平衡剂，有利于坐果。

辣（甜）椒日烧病

日烧病又叫日灼病，是辣（甜）椒常发生的一种生理病害。

发病症状 本病症状只出现在裸露果实的向阳面上。发病初期病部褪色，略微皱缩，呈灰白色或淡黄色。病部果肉失水变薄，呈革质，半透明，组织坏死发硬绷紧，易破裂。后期遇潮湿天气，病部易被病菌或腐生菌感染，长出黑色、灰色、粉红色等杂色霉层，病果易腐烂。

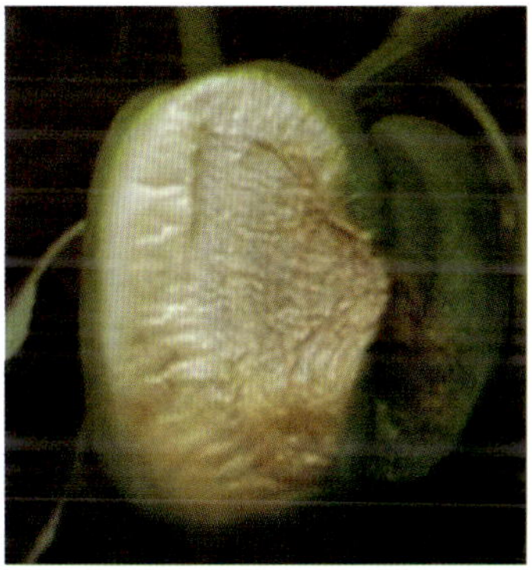

甜椒日烧病病果1

甜椒日烧病病果2

发病原因 日烧果是太阳强光直接照射果实所致，故果实日灼斑多发生在朝西南方向的果实上。该病病因是由于植株株型不好，叶片遮阴不好，被强光直射的部位表皮细胞温度增高，导致细胞死亡。土壤缺水，天气过度干热，雨后暴晴，土壤黏重，低洼积水等均可引起日灼斑。植株因水分蒸腾不平衡，引起涝性干旱等因素也可诱发日烧病。在病毒病发生较重的田块，因疫病等引起死株较多的地块，过度稀植等，日烧病尤为严重。钙素在辣（甜）椒水分代谢中起重要作用，土壤中钙质淋溶损失较大，施氮过多，引起钙质吸收障碍等生理因素，也和日烧病的发生有一定的关系。

防治方法

（1）合理密植和间作：注意合理密植，栽植密度不能过于稀疏，避免植株生长到高温季节仍不能“封垄”，使果实暴露在强烈的阳光之下。可采取一穴双株方式，使叶片互相遮阴，避免阳光直射果实。与玉米、高粱等高秆作物间作，利用高秆作物遮阴，减轻日烧的为害，还可改善田间小气候，增加空气湿度，减轻干热风的为害。

（2）避光防雨：保护地辣（甜）椒在高温季节的中午前后或降雨期间盖棚膜可减少发病。有条件的可进行遮阳网覆盖栽培，减弱强光。

（3）加强肥水管理，施用过磷酸钙作底肥，防止土壤干旱，促进植株枝叶繁茂。

（4）防治病虫害：及时防治病毒病、炭疽病、细菌性疮痂病、红蜘蛛等病虫害，防止植株早期落叶，以减少日灼果发生。可以施用0.01%芸薹素内酯乳油4 000～6 000倍液以提高辣（甜）椒抗逆能力。

辣（甜）椒紫斑果

发病症状　紫斑果是在绿色果面上出现紫色斑块，斑块没有固定形状，大小不一。一个果实上紫色斑块少者一块，多者几块。严重时，甚至半个果实表面布满紫斑。有时植株顶部叶片沿中脉出现扇形紫色素，扩展后成紫斑。

发病病因　辣（甜）椒紫斑果是由于植株根系吸收磷素困难，出现花青素所致。缺磷一般发生在多年种菜的老菜地上。土壤水分不足或气温较低，会导致土壤有效磷供应不足或吸收困难，特别是地温低于10 ℃，极易造成植株根系吸收磷困难。目前，蔬菜田施磷不少，土壤一般不缺磷，植株缺磷主要是由于温度低，特别是低温季节栽培时土壤温度偏低，致使根系吸收磷素困难造成的。

辣椒紫斑果

甜椒紫斑果

防治方法

（1）选用早熟耐低温品种。

（2）保护地辣（甜）椒春提前和秋延后栽培时，做好增温、保温工作，把地温提高到10 ℃以上，一般就不会产生花青素形成紫斑果了。

（3）科学施肥，多施腐熟有机肥，改良土壤，提高土壤中磷的有效性。注意施用镁肥，缺镁会抑制植株对磷素的吸收。

（4）在果实生长期，适时喷施磷酸二氢钾200～300倍液。

二、茄子

茄子僵果

发病症状　茄子僵果，又称石果，是单性结实的畸形果，茄子果形不正，果体不长，个小，质地坚硬，适口性差。老熟后空心，环境适应后果实也不发育。

茄子僵果1

茄子僵果2

发病原因　僵茄的形成，主要是受环境条件不良影响造成的。在苗期，当昼夜温度过高时，就会使秧苗的质量变差，再加上光照不足，生长发育缓慢，形成花的时期及开花期推迟，引起花器素质下降，畸形花增多，这是发生僵茄的原因之一。在植株开花前后遇低温、高温和连阴雨天，光照不足，造成花粉发育不良，影响授粉和受精形成单性结实的畸形茄——僵茄，果实缺乏生长激素，影响对碳、锌、钾、硼等果实膨大所需元素的吸收，导致果实不膨大，形成僵果。在夏季茄子果实膨大期受高温影响，尤其是在高夜温的条件下，茄子呼吸旺盛，碳水化合物消耗大，果实生长缓慢；或者同一株上结果过多，易产生僵果现象。此外，如旱情严重、土壤养分不足等情况也会导致僵果产生。

防治方法

（1）加强苗期管理，培育优质壮苗。育苗期，白天温度保持26～30 ℃，夜温17 ℃；二叶期后，温度控制在14～15 ℃。育苗时使用玻璃或透光充分的塑料薄膜，有利于提高苗的素质。

（2）在茄子苗期、花期喷施促花膨果素，促使花芽饱满，防止形成畸形花，出现僵果。

（3）定植时起高垄，垄高一般在8～10厘米。要合理密植，根据土壤、肥力灵活掌握。施肥除保证氮、磷、钾的需求外，增施腐熟的牛粪、鸡粪及生物菌肥，土壤中的碳氮比为30∶1。

（4）加强温度调控，在花芽分化期和花期温度保持25～30 ℃，最高不能超过35 ℃。

（5）及时摘除老叶及僵果，避免与上层果实争夺养分，减少出现僵果的概率。

茄子裂果

茄子裂果在茄子生产中常有发生，影响商品性状，也易受其他病菌侵染而造成烂果。

茄子裂果

发病症状　幼茄、成茄均可发生裂果。裂果就是果面开裂，果实各个部位均可开裂，裂口大小、深浅不一。发生最多的是果蒂下部，轻者仅在果蒂下边出现轻微裂口，重者裂口可致整个茄果纵裂。也有的在果实底部开裂，种子外翻裸露。

发病原因　茄子裂果产生原因很多。茄

子果蒂下出现的纵裂，主要是由供水不均匀造成的。白天高温、干燥，在傍晚灌水的情况下，就易产生裂果，尤其是在较长时间干旱的情况下，突降暴雨或灌大水，更易产生裂果。果实底部开裂、花芽分化时，温度低能造成裂果。激素处理果实不当，如浓度过高，或中午高温时使用，或反复使用也能造成裂果。

防治方法　适时播种，做好苗床温度管理，促进花芽正常分化。适时、精细定植，做好田间肥、水管理，特别注意提高土温和土壤通透性，促进植株根系发育，提高吸水能力。均匀灌水，不要过度控水，切忌土壤过干后灌大水。使用激素处理果实时，注意浓度不能过高，不能反复使用，也不要在中午高温时使用。

茄子畸形果

发病症状　茄子果实失去了原有品种的特性，果实不周正，失去果实典型的形状，变得奇形怪状，畸形果包括双子果、扁平果、毛边果、弯曲果、指凸果等。

茄子双子果

茄子畸形果指凸果1

茄子畸形果指凸果2

发病原因　花芽分化期，温度过低，肥料过多，浇水过量，使生长点营养过多，花芽营养过剩，细胞分裂过于旺盛，会造成多心皮的畸形果，即双子茄。光照不适宜，营养不良，易出现畸形花，发育形成扭曲果。

保护地里温度低，氮肥施用过量和浇水过多等，容易形成多心皮果、毛边果等。

蘸花用药浓度过大容易形成双子房果和连体果等。

结果期温度偏低，果实生长不均匀，或者果面受到虫害，或者幼果表面受到机械损伤，使得果实两面发育不一致；或田间郁闭，光照不足，坐果过多，坐果较晚的果实营养不良，都容易发生弯曲果。

茄子畸形果弯曲果

茄子畸形果

蘸花用药浓度过大形成畸形果

防治方法

（1）幼苗期做好温度、光照管理，保证幼苗有充足营养，促进幼苗健壮生长，避免产生畸形花。

（2）在茄子生长发育期间确保有足够的墒情，避免其持续受旱。

（3）合理施肥，合理浇水，果实膨大期不要过量浇水。

（4）茄子开花结果期，设法尽量增加光照，调控好温度。严格控制温度，不应较长时间在15 ℃以下或35 ℃以上，花期遇13 ℃低温或40℃高温，易落花和出现畸形果。

（5）特别注意用激素蘸花时，其使用浓度应根据气温灵活掌握，气温高时浓度稍低，气温低时浓度可稍高。注意药液不要弄到枝、叶上，以免出现药害。

（6）正确施用植物生长调节剂，如缩节胺或助壮素，要做到少量多次，前轻后重。

（7）用防落素和沈农番茄丰产剂2号代替2，4-D保花保果，减少因激素引起的畸形。

（8）创造有利于茄子幼苗生长和植株生长发育的环境条件。

三、番茄

番茄高温障碍

发病症状 塑料大棚或温室栽培番茄，常发生高温为害。叶片受害，初叶绿素褪色或叶缘呈漂白状，后变黄色。轻的仅叶缘呈烧伤状，重的波及半叶或整个叶片，终致永久萎蔫或干枯。茎扭曲、开裂。高温障碍会影响花芽分化，使花器变小，发育不良，或受精不良而落花、落果。果实表皮受高温伤害出现灼伤。高温障碍还会引起果实转色不良，出现绿、黄、红相间的杂色果。

番茄高温障碍伤害幼苗

番茄高温障碍为害叶片（轻）

番茄高温障碍为害叶片（重）

番茄高温障碍为害植株

番茄高温障碍引起果实失水

番茄高温障碍引起杂色果

发病原因 当白天温度高于35℃，或40℃高温持续4小时，夜间温度高于20℃，就会引起番茄茎叶损伤及果实异常。

防治方法

（1）遇持续高温天气时，要做好灌水、通风工作，以降低棚内温度。

（2）遮光。阳光照射强烈时，可采用部分遮阴法，或使用遮阳网防止棚内温度过高。

（3）喷水降温。

番茄低温障碍

发病症状 植株遭受低温冻害，生理代谢失调，生长发育受阻。幼苗遇低温，子叶上举，叶背向上反卷，叶缘受冻部位逐渐枯干或个别叶片萎蔫干枯；低温持续时间长，叶片暗绿无光，或顶芽生长点受冻，根系生长受阻或形成畸形花，造成低温落花或畸形果；果实不易着色成熟或着色浅影响品质，严重的茎叶干枯而死。

发病原因 气温低于13 ℃时番茄不能正常坐果，夜温低于15℃造成落花、落果，气温在10 ℃或低于10 ℃易发生冷害。长时间低于6 ℃植株将死亡。番茄果实遇－1 ℃会发生冻害。

防治方法

（1）选用耐低温弱光品种。

（2）低温锻炼，增强植株抗寒能力。

（3）选择晴天定植，以利根系恢复生长。

（4）浇足防冻水。在降温前选晴朗天气浇足水可预防冻害。

（5）采用地面覆盖。

夜温过低为害大田番茄

（6）必要时临时加温。

（7）依据天气预报，于傍晚喷洒27%高脂膜乳剂80～100倍液。

（8）及时采取挽救措施。根系尚未冻坏，虽可长出侧枝但产量大减，建议拔除改种其它蔬菜。

番茄筋腐病

番茄筋腐病又称条腐病或带腐病。各地普遍发生。

番茄筋腐病病果剖面

发病症状　本病主要为害果实。常见有两种类型：一是褐变型。幼果期开始发生，主要为害1～2穗果，在果实膨大期果面上出现局部褐变，果面凸凹不平，个别果实呈茶褐色变硬或出现坏死斑，剖开病果可见果皮里的维管束呈茶褐色条状坏死、果心变硬或果肉变褐，失去商品价值。二是白变型。主要发生在绿熟果转红期，其病症是果实着色不匀，轻的果形变化不大，重的靠胎座部位的果面呈绿色凸起状，余转红部位稍凹陷，病部具蜡样光泽。剖开病果可见果肉呈“糠心”状，果肉维管束组织呈黑褐色，轻的部分维管束变褐坏死，且变褐部位不变红，果肉硬化，品质差。发病重的果实、果肉维管束全部呈黑褐色，胎座组织发育不良，部分果实形成空洞，表面红绿不匀。番茄筋腐病一般不易从茎叶表现看出症状，但剖开距根部70厘米处的茎部，可见茎的输导组织呈褐色病变，引致果实呈上述病状，有别于病毒病。

发病原因　番茄植株体内碳水化合物不足和“碳氮比”下降，引起代谢失调，致使维管束木质化，是发病的直接原因。受害程度取决于品种及当地日照时数和光照强弱及土壤中氮、磷、钾比例。此外，土壤理化性质、施用的人粪尿腐熟程度也对该病有影响。生产上，遇有光照弱，生产时间长，土壤中氮、钾比例失调，土壤含水量处于饱和状态及施用未充分腐熟人粪尿的棚室发病重。

防治方法

（1）选用抗性品种。

（2）科学确定播种、定植期。注意轮作换茬，缓和土壤养分的失衡。

（3）施用酵素菌沤制的堆肥或充分腐熟的有机肥，采用配方施肥技术，保证各种元素比例协调，改善土壤结构和营养状况。坐果后开始喷施复合微肥，隔15天左右喷1次，连喷2～3次。科学浇水，一次浇水不宜过多，保持土壤湿度适宜，雨后及时排水。

（4）改善环境条件提高整体管理水平。番茄喜光，采用增光新技术，开花结果期温度低于10 ℃、高于30 ℃光合作用受抑制，生产上要保持25～30 ℃。增强光合产物的积累。注意选用透光好的塑料膜，进光角度要合理，适当稀植，增加行间透光率，调节好棚温和土壤氧气及水分供应，增施二氧化碳气体肥料，以满足光合作用的需要，促进光合产物的运送和积累。必要时可在气温低、日照短的12月至翌年2月适时喷洒0.2%～0.3%磷酸二氢钾或1.8%复硝酚钠水剂6 000倍液。

（5）提倡喷洒0.01%芸薹素内酯乳油3 000～4 000倍液，隔7天喷1次，共喷3～4次。

番茄空洞果

发病症状　空洞果是指果皮与果肉胶状物之间具空洞的果实。常见三种类型：胎座发育不良，果皮、隔壁很薄看不见种子；果皮、隔壁生长过快及心室少的品种，节位高的花序易见到；果皮生长发育迅速，胎座发育跟不上而出现空洞果。外表上，果实带棱，不充实，质量轻，食时味淡无汁，甚至无酸味，品质差。

番茄空洞果外观1

番茄空洞果外观2

番茄空洞果剖面1

番茄空洞果剖面2

发病原因　分形态学和生理学两方面。形态上心室数目少的品种易发生，一般早熟种心室数目少，晚熟种心室数目多。生理学方面主要指开花期前后受坐果激素、日照强度、环境温度、植株生长势等因素影响而形成空洞果。具体分述如下。

（1）激素的影响：开花前两天向花萼、花梗及花蕾上喷施激素后，果实发育速度比正常授粉果实快，且促进成熟，但胎座多发育不良，致子房室产生空洞。

（2）遇有光照不足，光合产物减少，向果实内部输送的养分供不应求，形成空洞果。

（3）日高温超过35 ℃，且持续时间较长，致受精不良或在高温条件下发育的果实，呼吸和代谢作用加快，促进果肉组织的细胞分裂和种子成熟加快，与果实生长不协调时也会形成空洞果。

（4）同一花序的果，先开的花与后开的花相互争夺营养物质，后开的花就容易出现空洞果。

（5）春露地番茄4穗果以上因下部果实大量坐住，上部果实营养不足而形成空洞果。

（6）需肥量多的大果型品种，生长后期营养跟不上，碳水化合物积累少，也会出现空洞果。

（7）结果期浇水不当。

防治方法

（1）选用心室多的品种。

（2）做好光、温调控，创造果实发育的良好光、温条件。育苗期遇阴天弱光时，白天宜适当提温，夜间温度控制在17 ℃左右，在第一花穗花芽分化前后，要通过调温，避免持续10 ℃以下的低温出现，开花期要避免35 ℃以上高温对受精的为害，促进胎座部的正常发育。

（3）合理使用生长调节剂。开花期采用振动授粉促花受精后，再喷施（15～20）×10^{-6}的防落素，可收到防落花、促果膨大的效果，注意不要重复使用。

（4）加强水肥管理。采用配方施肥技术，合理分配氮、磷、钾，调节好根冠比，避免枝叶过于繁茂，使植株营养生长与生殖生长协调平衡发展。

番茄裂果

发病症状　根据发生的部位和形态，可分为三种：一是放射状裂果，以果蒂为中心呈放射状，一般裂口较深；二是环状裂果，以果蒂为圆心，呈环状浅裂；三是条状裂果，即在果顶部位呈不规则的条状裂口。裂果发生以后，果实品质下降，病菌易侵入，导致腐烂。

番茄裂果1

发病原因 从栽培类型来说，夏天露地栽培的番茄和秋季塑料薄膜温室栽培的番茄裂果发生较多。高温干燥时期也易发生。果实发育后期或转色期遇夏季高温、烈日、干旱和暴雨等天气（特别是阵雨和暴雨），果皮生长和果肉组织膨大不一致时，膨压增大，出现裂果。冬季寒冷，保护地栽培棚室内昼夜温差太大，亦可导致裂果。番茄裂果还与品种有关。番茄的感病生育期是果实发育后至转色期。偏施氮肥、土壤忽干忽湿、雨后积水、整株摘叶过度、温度调控不当等的田块发生严重。

防治方法

（1）选择抗裂品种，一般选择果皮厚的中小型品种。

（2）育苗期，特别是花芽分化期温度不要过高或者过低，白天温度保持在24 ℃，

番茄裂果2

番茄裂果3

夜间温度保持在15～17 ℃，夜温不能长期低于8 ℃。

（3）防止强光直射在果皮上。在秋延晚和春提早栽培后期时，不要过早打掉底部叶，可起到为果实遮阴作用。

（4）防止土壤过干或过湿，保持土壤相对湿度在80%左右。

（5）增施有机肥和质量好的生物肥，改善土壤结构，为根系的生长提供良好环境。叶面应经常补充钙、硼等微量元素。

（6）正确使用植物生长调节剂，浓度不易过大，要针对品种、温度合理确定使用浓度。

（7）整枝打杈要适度，保持植株有茂盛的叶片，加强植株体内多余水分的蒸腾，避免养分集中供应果实造成裂果。

（8）雨季或大雨前要及时采收。

番茄日烧病

番茄日烧病又称日灼病。

发病症状 本病主要发生在果实上，尤其是果肩部易发生日烧，病部有光泽，似透明革质状，后变白色或黄褐色斑，有时有皱纹，干缩变硬后凹陷，果肉变褐色。病部表面受病菌侵染时，长出黑霉或腐烂。叶片受日烧时，叶绿素褪色，部分叶片变成漂白状，最后变黄枯死，或叶缘枯焦。

番茄日烧病1

发病原因 日烧多因果实膨大期天气干旱，土壤缺水，处在发育前期或转色期以前的果实受强烈日光照射，致果皮温度上升，蒸发消耗水分增多，果面温度过高而灼伤。一般在果实的向阳面易发生日烧。

番茄日烧病2

番茄日烧病3

防治方法

（1）选用枝叶繁茂的品种。

（2）及时浇水，降低植株温度。

（3）增施有机肥，提高土壤保水性能。及时、适时整枝打杈，促进植株生长，枝叶繁茂，减少太阳对果实的直射。

（4）高温季节果面喷洒0.1%硫酸铜、0.1%的硫酸锌，或27%高脂膜乳剂80～100倍液，提高植株抗热性。

番茄脐腐病

脐腐病又称蒂腐病，属生理病害。

发病症状　初在幼果脐部出现水浸状斑，后逐渐扩大，致果实顶部凹陷，变褐色，通常直径1～2厘米，严重时扩展到小半个果实；后期遇湿度大时腐生霉菌寄生其上，出现黑色霉状物。病果提早变红且多发生在第一、二穗果上，同一花序上的果实几乎同时发病。

番茄脐腐病病果

发病原因 一种观点认为发病的主要原因是水分供应失调。干旱条件下供水不足，或忽干忽湿，水分供应失常，番茄叶片蒸腾消耗所需的大量水分与果实进行争夺，或被叶片夺走，特别当果实内、果脐部的水分被叶片夺走时，由于果实突然大量失水，导致其生长发育受阻，形成脐腐。另一种观点认为发病的原因是缺钙。认为是番茄不能从土壤中吸收足够的钙素和硼素，致使脐部细胞生理紊乱，失去控制水分能力；或土壤中氮肥过多营养生长过旺致土壤缺钙，果实不能及时得到钙的补充，如果实含钙量低于0.2%即引致发病。此外，干旱条件下喷洒波尔多液发病重。

防治方法

（1）选用抗病品种。果皮光滑、果实较尖的品种较抗病。

（2）采用地膜栽培。地膜覆盖可提高地温，促进根系发育，增强吸水能力，并可保持土壤水分相对稳定，能减少土壤中钙质养分流失。

（3）适量及时灌水，尤其结果期更应注意水分均衡供应，灌水应在上午9～12时进行。

（4）采用配方施肥技术，根外追施钙肥。番茄坐果后1个月内是吸收钙的关键时期。可喷洒1%过磷酸钙，或0.5%氯化钙+5×10^{-6}萘乙酸、0.1%硝酸钙及1.8%复硝酚钠水剂6 000倍液，从初花期开始，隔15天喷1次，连续喷洒2次。

（5）使用遮阳网覆盖。

番茄芽枯病

番茄芽枯病

发病症状　本病主要发生于夏秋保护地。被害株初期幼芽枯死，被害部长出皮层包被，在发生芽枯处形成一缝隙，缝隙为线形或“Y”字形，有时边缘不整齐。

发病原因　一般在夏秋保护地番茄现蕾期发生，主要由于中午未及时放风，高温下烫死了幼嫩的生长点，使茎受伤而引起。尤其在定植后控水严重的地块更易发生。

防治方法

（1）番茄定植后注意中午放风，不使棚温超过35 ℃。

（2）适当蹲苗，发现植株萎蔫时适当补水。

（3）使用遮阳网覆盖，防止高温为害。

番茄畸形果

发病症状　番茄畸形果也称变形果，以冬季保护地番茄发生较多。一般正常的果实为球形或扁球形，4～6个心室，放射状排列。而畸形果各式各样，田间经常见到的畸形果有纵沟果、扁圆果、椭圆果、偏心果、指突果、桃形果、豆形果、乱形果、菊形果，以及其他奇形怪状的果实。形成畸形果的花、萼片和花瓣数量较多，子房形状不正。

发病原因　番茄畸形果的发生主要是由于环境条件不适宜。其中，扁圆果、椭圆果、偏心果、双（多）圆心果等畸形果发生的直接原因是在花芽分化及花芽发育时，营养土中化肥过多，造成土壤中速效养分含量过高，根系吸收的大量养分积累在生长点处，肥水过于充足，超过了花芽正常分化与发育的需要量，致使花器畸形，番茄心室数量增多，生长不整齐。如遇上低温，即夜温低于8 ℃、白天温度低于20 ℃时，且地温低，呼吸消耗少时，更会加重病情。

番茄指突果

番茄双身果

番茄畸形果1

番茄畸形果2

番茄畸形果3

番茄畸形果4

指突果是在子房发育初期，由于营养物质分配失去平衡，而促使正常心皮分化出独立的心皮原基而产生的。

桃形果是由于植株老化，营养物质生产不足引起心室减少，子房畸形发育而成。使用2，4-D等激素蘸花时，浓度过高，会加剧病情，增多桃形果数量和严重程度。

豆形果是因为营养条件差，本来要落掉的花蕾经蘸花处理抑制了离层形成，勉强坐住了果，但因得到的光合产物少，长不起来或停止生长，从而形成豆形果。

菊形果系心室数目多，施用氮、磷肥过量或缺钙、缺硼时易产生。

防治方法　选择耐低温、弱光性强、果实高桩形、皮厚、心室数变化较小的品种，避免选用果实扁平、皮薄、心室数变化较大易发生畸形果的品种。

番茄畸形果5

加强温度管理。幼苗花芽分化期，尤其是2～5片真叶展开期，即第一、二花序上的花芽发育阶段，正处于低夜温诱发畸形果发生的敏感期，应确保这一时期的夜温不低于12 ℃，一般夜温控制在12～16 ℃，白天温度控制在25～28 ℃，以利于花芽分化。

定植时间不宜过早，一般要在最低地温持续高于10 ℃以上时再定植。定植过早，温度忽高忽低，或夜温过低，温差过大，皆会阻碍根系正常吸收硼、钙，易产生畸形果，同时也容易产生裂果。

加强水肥管理。避免苗期营养过剩，每10平方米的苗床施70～80千克优质土杂肥，0.4～0.5千克复合肥即可。如果苗期氮素营养过多，特别是在低温条件下，植物生长受到抑制，使输送和储藏到花芽的养分增多，细胞分裂旺盛，形成更多的心室，从而形成较多的畸形果。

育苗期间，避免土壤过干过湿，在适宜的温度条件下，土壤过干，会导致幼苗生长缓慢，花芽处积累大量物质，使子房心室数增加，而在低温条件下过湿可能会影响幼苗对钙的吸收，两者皆可导致畸形果的大量发生。因此，在低温季节育苗，应尽量减少浇水量，而在适温或高温的条件下育苗，应尽量多浇水。

定植时浇足、浇透定植水，缓苗后浇一遍小水，开花坐果前，再浇一遍小水（俗称“跑马水”），第一穗果鸡蛋大小时，再浇坐果水，以后保持不干不湿，避免灌水过多。

定植后采取配方施肥技术，避免偏施、过施氮肥，适量增施磷、钾肥。适时喷施宝多收、叶面宝、光合微肥、0.5%尿素+0.3%磷酸二氢钾等叶面肥或含硼、钙的复合微肥。

正确进行激素处理，慎重使用生长调节剂，在苗期特别是花芽分化期间(2～6片叶)，应尽量避免使用矮壮素、乙烯利等可以促进番茄产生畸形果的植物生长调节剂。

定植后，为促进坐果，要对番茄的花进行激素处理，处理时要掌握正确的方法，尤其要注意处理第一花序的药剂浓度。由于环境原因，第一穗果畸形果发生率高，且第一花序耐药性差，因此，在适宜的温度下，应使用低浓度药液蘸花，蘸花应在晴天上午10时以前、下午3时以后、植株无露水、棚内温度为18～20 ℃时进行。蘸花常用的生长调节剂有2，4–D(10～20毫升／升)、番茄丰产剂2号(10毫升装，加水稀释50～70倍)。不能重复蘸花，花蕾和未完全开放的花不能蘸，蘸花后，要及时增加肥、水，以保证果实正常生长发育。在加强通风、适当控湿的基础上，喷施15%多效唑可湿性粉剂1 500～2 000倍液，控制徒长，这样既可提高幼苗质量，又不影响花芽分化。疏花疏果。发生畸形果后要及时摘除，以利于正常花、果的发育。一般花序的第一朵花易产生“鬼花”（重合花），应结合蘸花把其疏掉，可减少畸形果的产生。

番茄生理性卷叶病

发病症状　本病主要表现为番茄叶片小叶纵向上卷。从整个植株看，轻者仅下部或中、下部叶片卷叶，重者整株所有叶片均卷叶。卷叶不仅影响蒸腾作用和气体交换，还严重影响着光合作用的正常进行。因此，轻度卷叶会使番茄果实变小，重度卷叶导致叶片光合作用面积减小，植株代谢功能失调，营养积累减少，坐果率降低，果实畸形，品质下降，产量锐减，卷叶后也易使一些果实直接暴露在阳光照射下，引起日烧病。

发病原因

番茄生理性卷叶（王久兴）

（1）土壤干旱，或根系发育差、受损伤，吸水能力较弱；而遇高温天气，温室、大棚为防治病害过于控制湿度，造成空气干燥等。这些都会使植株的根部吸收输送到地上部分的水分没有蒸腾掉的水分多，从而造成植株缺水。为减小暴露在空气中的叶面积，进而减少水分蒸腾，植株下部乃至中、下部叶片卷曲。这是一种生理性保护作用。

（2）干旱后大量灌水，也能引起下部叶片卷缩。

（3）过量偏施氮肥时，整株叶片都会出现卷缩。特别是土壤中缺铁、缺锰等微量元素，会加重卷叶。这种卷叶常伴随叶片变黄、变紫等症状。

（4）番茄植株整枝、打顶过早、过重也可产生卷叶。因为根系吸收输送的磷酸，是经由下部叶片输送到上部新生叶片的，打顶过早磷酸无处输送，就积累在下部叶片中使之老化而卷曲。

防治方法

（1）选择高产优质、抗逆性强的品种。

（2）精细整地，适时定植，及时中耕松土，提高土温和土壤通透性，促进根系发育。

（3）适时、均匀灌水，避免土壤过干过湿。

（4）施足有机肥，避免偏施氮肥。

（5）保护地番茄在高温时，要及时放风，控制温度不过高，放风量要逐渐加大，不要一下子放风过急。

（6）适时、适度整枝、打顶，打顶不要过早、过重，保持合理的叶面积，既要防止旺长，又要防止早衰。

（7）生理性缺水所致卷叶发生后，及时降温、灌水，短时间就会缓解症状，但干旱后应避免在高温的中午补水，以免因地温突然降低，根系不能适应反而吸水受挫，引起生理干旱而加重卷叶；发生缺素所致卷叶，可对症喷施复合微肥1～2次。

（8）采用遮阳网覆盖栽培。

番茄2,4-D药害

发病症状 2，4-D药害主要表现在果实上，果实顶端出现乳突，俗称“桃形果”或“尖头果”。叶片受害表现为向下弯曲、僵硬、细长，小叶不能展开，纵向皱缩，叶缘扭曲畸形。受害茎蔓凸起，颜色变浅。生产中，浓度偏高，涂抹花梗后，在涂抹处会出现褪绿斑痕，即通常所说的“烧花”，这些花大多会过早脱落。

2，4-D药害为害叶片

2，4-D药害为害果实

发病原因 低温季节栽培番茄，为促进坐果，往往用2，4-D处理番茄的花，但如果抹花不当，就会造成药害。主要原因是所使用的2，4-D药液浓度不当。果实产生药害，一是2，4-D浓度过高；二是重复抹花；三是不管什么时候处理花均采用相同的浓度，不是随着温度的升高而相应降低浓度。叶片、茎蔓产生药害，是2，4-D直接蘸、滴到嫩枝或嫩叶上所致。有时附近田块施用2，4-D飘移过来，或用喷洒过2，4-D而没有洗净的喷雾器喷农药或叶面肥，均能造成番茄2，4-D药害。

防治方法

（1）处理浓度要适宜。适宜的2，4-D浓度为10～20毫升/升。随着气温增高，降低浓度。高温季节采用浓度低限，低温季节采用浓度高限。一旦发生因2，4-D浓度过高引起的药害，可通过浇大水，增加施肥量，促进植株生长的方法缓解。

（2）处理方法要合理。由于2，4-D会对番茄的叶片产生为害，使叶片皱缩，颜色加深，出现条形蕨叶，生长缓慢，所以只能处理花朵。为防止2，4-D液滴到嫩枝或嫩叶上，严禁用2，4-D喷花。常用的处理方法为涂抹花梗法和蘸花法。

采用涂抹花梗的处理方法时，先在配好的药液中加入少量红色（或其他颜色）的颜料作标记，然后用毛笔蘸药，在花柄的弯节处轻轻涂抹一层2，4-D药液，也可涂抹在花朵的柱头上。这种方法要一朵一朵地涂抹，缺点是费工，同一花穗内的果实生长不整齐，第一个果很大，以后依次减少，成熟期不一致。因此，效果不十分令人满意。要掌握好抹花时机，初花期花数少，可隔天1次，盛花期花数多，要每天1次。对当天开的花也要注意，处理早了易形成僵果，处理晚了易形成裂果。

蘸花法是把开放的花轻轻按入2，4-D药液中，让整个花朵均匀地蘸上2，4-D药液。这种方法处理后容易引起果实尖顶，形成桃形果，此法多在劳力不足的情况下采用，效果不如涂抹花梗法好。

对同一朵花不要作重复处理，重复处理同一朵花，会因花上的2，4-D药量过大而发生“烧花”。为避免重复处理，在配制好的2，4-D药液中，要加入广告色等带有颜色的指示剂，以便在处理番茄花后，在处理部位留下标记。选用指示剂时要注意，不要选用碱性或酸性较强的材料，以免涂抹后腐蚀花朵，造成落花。为慎重起见，最好先做试验，确定其不会对番茄花产生为害后，再正式使用。

（3）处理的时期要适宜，适宜的处理时期是花开放前后各一天。花蕾过小，耐药性较差，容易烧伤花蕾；处理过晚，花已开放多时，保花效果不理想。一般抹花时间最迟不要超过开花后48小时。

（4）使用替代药剂。与其他保花保果药剂相比，使用2，4-D最容易出现畸形果，因此，目前生产上为提高效率，可用微型喷雾器直接向花序上喷洒其他更安全的保花保果剂。可选用番茄灵（防落素），浓度为25～50毫升/升，低温时用40～50毫升/升，高温时用25～30毫升/升。也可用番茄丰产剂2号50倍液喷花，更安全。

番茄缺硼

发病症状 番茄缺硼时，新叶停止生长，植株呈萎缩状态。最显著的症状是小叶失绿呈黄色或橘红色，生长点发暗或变黑，幼叶叶尖黄化，叶片变形。幼叶的小叶叶脉间失绿，有小斑纹，叶片细小，向内卷曲。严重缺硼时，叶片和生长点枯死，茎弯曲，短而粗，茎内侧有褐色木栓状龟裂。老叶变成浓绿色，叶柄变粗脆弱，易使叶片脱落。根生长不良，变褐色。花和果实形成受阻，嫩芽、花和幼果易脱落，坐果少，成熟不一致，果实起皱，表面有木栓状龟裂或木质化斑点，易产生畸形果，果皮上有褐色锈斑。害虫（蚜虫等）为害也可造成新叶畸形，因此一旦发生时要仔细观察有无害虫。缺钙也

番茄缺硼症状1

番茄缺硼症状2

表现为生长点附近发生萎缩，但缺硼特征是茎的内侧木栓化。

发病原因 土壤酸化，硼素被淋失或石灰施用过量均易引起缺硼。土壤干燥，有机肥施用少容易发生。施用钾肥过量时也容易发生。

防治方法 提前底施含硼的肥料。在番茄苗期、花期、采收期或发现植株缺硼时，用0.05%～0.2%硼砂或硼酸溶液叶面喷施。隔5～7天喷1次，共喷2～3次。

番茄缺镁

发病症状 在第一个花房膨大期植株下部老叶出现失绿，叶脉间出现模糊的黄化现象，而后向上部叶片扩展，形成黄花斑叶，严重的叶片略僵硬或边缘上卷，叶脉间出现坏死斑或在叶脉间形成褐色块带，致叶片干枯或整叶至全株黄化。

发病病因

（1）低温影响根对镁的吸收。

（2）土壤中含镁量低，有时土壤中不缺镁，但由于施钾过多或在酸性及含钙较多的碱性土壤中影响了番茄对镁的吸收。

（3）有时植株对镁需要量大，当根系不能满足其需要时也会造成缺镁。

番茄叶片缺镁症状

防治方法

（1）施足充分腐熟的有机肥，改良土壤理化性质，使土壤保持中性，必要时可施用石灰进行调节，避免土壤偏酸或偏碱。

（2）采用测土配方施肥技术，做到氮、磷、钾和微量元素配比合理，当镁不足时，施用含镁的完全肥料，生产上常用的镁肥主要有钙镁磷肥、硫酸镁等，前者多做底肥。应急时，可在叶面喷洒1%～2%硫酸镁水溶液，隔2天喷1次，每周3～4次。

（3）适当控制浇水，避免大水漫灌，促进根系生长发育。

（4）提高地温。

番茄紫斑叶

发病症状 植株瘦弱矮小，叶片僵硬，无光泽，脉间有紫红色斑块。植株下部老叶变黄，边缘上卷，有不规则褐色至紫褐色枯斑。病株果实小，生长慢，成熟迟。

番茄紫斑叶症状

发病原因 这是由于植株缺磷所致。番茄苗期和结果期需磷较多，容易缺磷。一般酸性或偏酸性土壤及土壤紧实情况下容易缺磷。另外，土壤水分不足或温度偏低，可降低土壤中磷的有效性或根系的吸收能力，使植株出现缺磷症状。

防治方法

（1）调整土壤酸碱度，提高磷的利用率；土壤含磷量少，可在定植前施足磷肥，每亩施过磷酸钙20～25千克或磷酸二氢铵10千克。

（2）施足腐熟有机肥，并深翻土壤，整平耙碎。

（3）科学浇水，保持土壤有一定湿度，避免土壤干燥。

（4）加强棚室温度管理，注意增温、保温。

（5）叶面喷施0.2%～0.3%磷酸二氢钾液，或0.5%～1.0%过磷酸钙水溶液。

第三部分　虫害

棉铃虫

棉铃虫又叫棉铃实夜蛾，属鳞翅目夜蛾科。为害番茄、茄子、甘蓝、白菜、南瓜等蔬菜及棉、麦、豆、烟草等农作物。

为害特点　全国各地均有发生，以幼虫蛀食番茄植株的蕾、花、果，偶也蛀茎，并且食害嫩茎、叶和芽。但主要为害形式是蛀果，是番茄的主要害虫。蕾受害后，苞叶张开，变成黄绿色，2～3天后脱落。幼果常被吃空或引起腐烂而脱落，成果被蛀食部分果肉，蛀孔多在蒂部，雨水、病菌易侵入引起腐烂、脱落，造成严重减产。

形态特征　成虫体长14～18毫米，翅展30～38毫米，灰褐色。前翅具褐色环状纹及肾形纹。后翅黄白色或淡褐色，端区褐色或黑色。卵约0.5毫米，半球形，乳白色，具纵横网格。老熟幼虫体长30～42毫米，体色变化很大，由淡绿、淡红、红褐乃至黑紫色，常见为绿色型及红褐色型。头部黄褐色，体表布满小刺，其底座纹较大。蛹长17～21毫米，黄褐色。腹部第5～7节的背面和腹面有7～8排半圆形刻点，臀刺钩2根。

生活习性　棉铃虫以蛹在土中越冬。在华北越冬蛹于4月中下旬开始羽化，5月上中旬为羽化盛期；一代卵见于4月下旬至5月末，以5月中旬为盛期，一代成虫见于6月初至7月初，盛期为6月中旬；第二代卵盛期也为6月中旬，7月为第二代幼虫为害盛期，7月下旬为二代成虫羽化和产卵盛期；第三代成虫盛发期8月下旬至9月上旬，第

棉铃虫为害番茄果实

四代卵见于8月下旬至9月上旬，所孵幼虫于10月上中旬老熟，入土化蛹越冬。成虫于夜间交配产卵，95%的卵散产于番茄植株的顶尖至第四复叶层的嫩梢、嫩叶、果萼、茎基上，每头雌虫产卵100～200粒；卵发育历期15 ℃为6～14天，20 ℃为5～9天，25 ℃为4天，30 ℃为2天。初孵幼虫仅能啃食嫩叶尖及花蕾成凹点，一般在3龄开始蛀果，4～5龄转果蛀食频繁，6龄时相对减弱。早期幼虫喜食青果，近老熟时则喜食成熟果及嫩叶。一头幼虫可为害3～5个果，最多为害8个果，蛀果数随番茄青果密度及降水量而变化。幼虫共6龄，在不同温度下发育历期：20 ℃为31天，25 ℃为22.7天，30 ℃为17.4天。老熟幼虫在3～9厘米表土层筑土室化蛹，预蛹期约为3天，蛹发育历期，20 ℃为28天，25 ℃为18天，28 ℃为13.6天，30℃为9.6天。棉铃虫属喜温喜湿性害虫，成虫产卵适温在23 ℃以上，20 ℃以下很少产卵；幼虫发育以25～28 ℃和相对湿度75%～90%最为适宜。在北方尤以湿度的影响较为显著，当月降水量在100毫米以上，相对湿度70%以上时为害严重。但雨水过多造成土壤板结，则不利于幼虫入土化蛹，同时蛹的死亡率增加。此外，暴雨可冲掉棉铃虫卵，也有抑制作用。成虫需要在蜜源植物上取食补充营养，第一代成虫发生期与番茄、瓜类作物花期相遇，加上气温适宜，因此产卵量大增，使第二代棉铃虫成为为害最严重的世代。

防治方法

（1）农业防治：压低虫口密度，在产卵盛期结合整枝打杈，抹去嫩叶、嫩头上的卵，可有效减少卵量，同时要注意及时摘除虫果，以压低虫口。在菜田种植玉米诱集带，能减少田间棉铃虫的产卵量，但应注意选用生育期与棉铃虫成虫产卵期吻合的玉米品种。冬耕冬灌，可消灭越冬蛹。

（2）物理防治：诱杀成虫，可以结合使用杨树枝把、性诱剂等诱杀成虫，有条件的地区可使用高压汞灯或频振式杀虫灯诱杀。

（3）生物防治：在二代棉铃虫卵高峰后3～4天及6～8天，连续两次喷洒细菌性杀虫剂B.t.乳剂、HD-1等苏云金芽孢杆菌制剂或棉铃虫核型多角体病毒，可使幼虫大量染病死亡。

（4）药剂防治：关键是要抓住孵化盛期至2龄盛期，即幼虫尚未蛀入果内的时期施药，可选用21%增效氰·马乳油2 000～3 000倍液，或2.5%三氟氯氰菊酯乳油2 000～3 000倍液，或2.5%联苯菊酯乳油800～1 500倍液，或20%虫酰肼悬浮剂800～1 500倍液，或15%茚虫威悬浮剂3 000～4 000倍液，或5%氯虫苯甲酰胺悬浮剂800～1 500倍液，或20%氟虫双酰胺水分散粒剂3 000～4 000倍液，或1.2%烟碱·苦参碱乳油1 000～1 500倍液等。以上药剂要轮换使用，以提高防治效果。

烟青虫

烟青虫别名烟夜蛾、烟实夜蛾。属鳞翅目，夜蛾科。主要为害辣（甜）椒、番茄、南瓜、烟草、玉米等。

为害特点 以幼虫蛀食蕾、花、果，也食害嫩茎、叶和芽，在辣椒田内，幼虫取食嫩叶，3～4龄才蛀入果实，可转果为害，果实被蛀引起腐烂和落果。

形态特征 与棉铃虫极近似，区别之处：成虫体色较黄，前翅上各线纹清晰，后翅棕黑色宽带中段内侧有一棕黑线，外侧稍内凹。卵稍扁，纵棱一长一短，呈双序式，卵孔明显。幼虫两根前胸侧毛（L_1、L_2）的连线远离前胸气门下端；体表小刺较短。蛹体前段显得粗，气门小而低，很少突起。

烟青虫为害番茄果实

生活习性 全国各地均有发生，华北、华东地区每年发生2代，发生时间较棉铃虫稍迟，以蛹在土中越冬。成虫卵散产，前期多

烟青虫幼虫1

烟青虫幼虫2

产在寄主植物上中部叶片背面的叶脉处，后期产在萼片和果上。成虫可在番茄上产卵，但存活幼虫极少，主要寄主是青椒。幼虫昼间潜伏，夜间活动为害。发育历期：卵3～4天，幼虫11～25天，蛹10～17天，成虫5～7天。

防治方法　参见棉铃虫。

蚜虫

蚜虫俗称腻虫。属同翅目，蚜科。为害蔬菜的蚜虫主要有桃蚜(烟蚜)、萝卜蚜和瓜蚜。三种蚜虫都是世界性害虫，分布范围极广。为害茄科蔬菜、豆类、甜菜等多种农作物。

为害特点　蚜虫以刺吸式口器吸食蔬菜汁液。其繁殖力强，又群聚为害，常造成叶片卷缩、变形，植株生长不良。同时蚜虫可传播多种病毒，引起病毒病的发生。

蚜虫为害辣（甜）椒叶片

形态特征　萝卜蚜呈绿色至黑绿色，背有白色蜡质。桃蚜呈黄绿色与红褐色。瓜蚜呈黄色、黑绿色至蓝黑色多种体色，体表有蜡质。

生活习性 桃蚜属乔迁式蚜虫，可为害350多种植物。萝卜蚜、瓜蚜属留守式蚜虫，即终年生活在一种或近缘的寄主植物上。萝卜蚜喜欢在叶面多毛而蜡质少的十字花科蔬菜上为害。三种蚜虫在保护地每年可发生20～30代，在具备繁殖的条件下可周年发生并为害，无滞育现象。在露地以成蚜或卵在过冬蔬菜上或桃树上越冬。一般在春、秋两季各有一个发生高峰。

蚜虫为害辣（甜）椒花蕾

蚜虫为害辣（甜）椒花朵

防治方法 防治蚜虫宜及早用药，将其控制在点片发生阶段。

（1）农业防治。蔬菜收获后及时清理田间残株败叶，间距过大，铲除杂草。

（2）物理防治。

①利用蚜虫对黄色有较强趋性的原理，在田间设置黄板，上涂机油或其他黏性剂吸引蚜虫并杀灭。

②利用蚜虫对银灰色有负趋性的原理，在田间悬挂或覆盖银灰膜，每亩用膜5千克，在大棚周围挂银灰色薄膜条(10～15厘米宽)，每亩用膜1.5千克，驱避蚜虫。

③利用银灰色遮阳网、防虫网覆盖栽培。

（3）药剂防治。

①喷粉(保护地)：5%灭蚜粉尘剂，每亩(次)0.8～1.0千克。熏烟(保护地)：傍晚每亩

用80%敌敌畏乳油0.25千克加锯末适量点燃（无明火），闭棚至第二天早晨。

②喷雾：可选用10%吡虫啉可湿性粉剂2 500～3 000倍液，或10%氯氰菊酯乳油3 000～4 000倍液，或3%啶虫脒乳油1 500～2 000倍液，或48%毒死蜱乳油1 200～1 500倍液。

白粉虱

白粉虱俗称小白蛾子。属同翅目，粉虱科。寄主有黄瓜、菜豆、茄子、番茄、辣椒、甘蓝、花椰菜、白菜、油菜、萝卜、莴苣、魔芋、芹菜等各种蔬菜及花卉，农作物等200余种。全国均有发生。

为害特点　成虫和若虫吸食植物汁液，被害叶片褪绿、变黄、萎蔫，甚至全株枯死。此外，由于其繁殖力强，繁殖速度快，种群数量庞大，群集为害，并分泌大量蜜液，严重污染叶片和果实，往往引起煤污病的发生，使蔬菜失去商品价值。除严重为害番茄、辣椒、茄子、马铃薯等茄科作物外，也严重为害黄瓜、菜豆。

形态特征　成虫体长1～1.5毫米，淡黄色。翅面覆盖白蜡粉，两翅合拢时，平覆在腹部上，通常腹部被遮盖，翅脉简单，沿翅外缘有一排小颗粒。卵长约0.2毫米，侧面观长椭圆形，基部有卵柄，柄长0.02毫米，从叶背的气孔插入植物组织中，初产淡绿色，覆有蜡粉，而后渐变褐色，孵化前呈黑色。1龄若虫体长约0.29毫米，长椭圆形，2龄约0.37毫米，3龄约0.51毫米，淡绿色或黄绿色，足和触角退化，紧贴在叶片上营固着生活；4龄若虫又称伪蛹，体长0.7～0.8毫米，椭圆形，初期体扁平，逐渐加厚呈蛋糕状（侧面观），中央略高，黄褐色，体背有长短不齐的蜡丝，体侧有刺。

生活习性　白粉虱在温室一年可发生10余代，以各虫态在温室越冬并继续为害。成虫羽化后1～3天可交配产卵，平均每雌产142.5粒。也可进行孤雌生殖，其后代为雄性。成虫有趋嫩性，在寄主植物打顶以前，成虫总是随着植株的生长不断追逐顶部嫩叶产卵，因此在作物上自上而下白粉虱的分布为：新产的绿卵、变黑的卵、初龄若虫、老龄若虫、伪蛹、新羽化成虫。白粉虱卵以卵柄从气孔插入叶片组织中，与寄主植株保持水平平衡，极不易脱落。若虫孵化后3天内在叶背可做短距离游走，当口器插入叶组织后就失去了爬行的能力，开始营固着生活，白粉虱发育历期：18 ℃为31.5天，24 ℃为24.7天，27 ℃为22.8天。各虫态发育历期：在24 ℃时，卵期7天，1龄5天，2龄2天，3龄3天，伪蛹8天。白粉虱繁殖的适温为18～21 ℃，在生产温室条件下，约1个月完成1代。白粉虱在我国北方冬季室外不能存活，通常要在温室作物上继续繁殖为害，第二年通过菜苗定植移栽时转入大棚或露地，或温室开窗通风时迁飞至露地。白粉虱的种群数量，由春至秋持续发展，夏季高温多雨抑制作用不明显，到秋季数量达高峰，集中为害瓜类、豆类和茄果类蔬菜。在北方由于温室和露地蔬菜生产紧密衔接和相互交替，可使白粉虱周年发生。

白粉虱为害辣（甜）椒叶片

白粉虱为害茄子叶片

防治方法

对白粉虱的防治，应以农业防治为主，加强栽培管理，培育“无虫苗”，合理使用化学农药，积极开展生物防治和物理防治。

（1）农业防治：

①提倡温室第一茬种植白粉虱不喜食的芹菜、蒜苗等较耐低温的作物，减少黄瓜、

番茄的种植面积。

②培育“无虫苗”。把苗房和生产温室分开。育苗前彻底熏杀残余的白粉虱，清理杂草和残株，在通风口密封尼龙纱，控制外来虫源。

③生产中打下的枝杈、枯老叶及时处理掉。

（2）生物防治：可人工繁殖释放丽蚜小蜂，在温室第二茬番茄上，当白粉虱成虫在0.5头/株以下时，按15头/株的量释放丽蚜小蜂成蜂，每隔两周放1次，共3次，寄生蜂可在温室内建立种群并能有效控制白粉虱为害。

（3）物理防治：白粉虱对黄色敏感，有强烈趋性，可在温室内设置黄色诱虫板诱杀成虫。在温室或露地开始可以悬挂3～5片诱虫板，以监测虫口密度，当诱虫板上诱虫量增加时，每亩地悬挂规格为25厘米×30厘米的黄色诱虫板30片，或25厘米×20厘米黄色诱虫板40片，或视情况增加诱虫板数量。悬挂高度以黄色诱虫板下端高于植株顶部15～20厘米为宜，并随着植株的生长随时调整。在保护地内悬挂诱虫板应适当靠近北墙，距北墙1米处诱虫效果较好。当诱虫板上粘的害虫数量较多时，用钢锯条或木竹片及时将虫体刮掉，需及时重涂黏油，可重复使用。黄色诱虫板诱杀可与释放丽蚜小蜂等协调运用。

（4）药剂防治：由于白粉虱世代重叠，在同一时间同一作物上存在各虫态，而当前药剂没有对所有虫态皆有效的种类，所以采用药剂防治法，必须连续几次用药。

①喷雾法：可选用99%矿物油乳油200～300倍液，或3%啶虫脒乳油1 500～2 000倍液，或25%吡蚜酮悬浮剂2 500～4 000倍液，或25%噻虫嗪水分散粒剂2 500～4 000倍液，或1.8%阿维菌素乳油1 500～3 000倍液，或1%甲氨基阿维菌素苯甲酸盐乳油2 000倍液，或2.5%联苯菊酯乳油1 500～3 000倍液。叶片正反两面均匀喷雾。

②熏烟法：可每亩用17%敌敌畏烟剂340～400克，或每亩用3%高效氯氰菊酯烟剂250～350克，或每亩用20%异丙威烟剂200～300克，傍晚点燃闭棚12小时。

此外，由于白粉虱繁殖迅速易于传播，在一个地区范围内采取联防联治，以提高防治效果。

烟粉虱

烟粉虱俗称小白蛾。属同翅目，粉虱科。为害番茄、黄瓜、辣（甜）椒等蔬菜及棉花等多种作物。

为害特点 烟粉虱成虫和若虫通过刺吸式口器吸取植株汁液，受害叶褪绿萎蔫或枯死。同时，烟粉虱还能传播30多种病毒病，其若虫、成虫分泌的蜜露能诱发煤污病等真菌病害，严重时植株表面覆盖一层灰黑色霉层，影响光合作用，影响品质，重则因病毁苗。

烟粉虱为害番茄叶片

烟粉虱为害茄子

形态特征 烟粉虱要经过卵、若虫、伪蛹和成虫四个虫态才能完成一个世代，其中4龄若虫后期又称为伪蛹。成虫：淡黄色，翅覆盖白色蜡粉，无斑点，两翅合拢时呈屋脊状，通常两翅之间可见到黄色的腹部。雌虫体长0.91毫米，雄虫体长0.85毫米。卵：卵散产于叶片背面，有光泽，长梨形，有小柄，与叶片垂直，卵柄通过产卵器插入叶片表皮中。卵柄除固定卵外，还有吸收水分的功能。若虫：共分4龄，淡绿色至黄色，1龄若虫有足和触角，初孵若虫有0.5天左右爬行期，2～3龄时足和触角退化至一节，当取食到合适的寄主汁液后，就定居到成虫羽化。伪蛹：黄色，体背或体侧着生蜡丝，眼红色，体节黄色明显。尾刚毛2根，背面有1～7对粗壮的刚毛。不同寄主上形态差异明显：有茸毛的叶片上，蛹壳有背刚毛，边缘不规则；光滑叶片上，多数蛹壳无背刚毛，边缘规则。

生活习性　烟粉虱成虫具有明显的喜光性，一天的活动高峰在上午11时至下午3时，晴天的飞行活动明显强于阴天。烟粉虱成虫飞行能力较弱，大部分成虫能飞行20米左右，少数标记的成虫可在5 000米以内发现，叶菜类蔬菜田中多数成虫在蔬菜顶部5厘米左右范围内活动。

夏天烟粉虱羽化后1～8小时内交配，春、秋季羽化后3天内交配。在适宜的条件下，一般一头雌成虫可产卵300～500粒，卵散产于叶片背面。据报道，烟粉虱有24种生物型，我国目前已发现A、B、K等3个生物型。烟粉虱个体小，扩散迅速，为害严重。

亚热带年生10～12个重叠世代，几乎每月都会出现一次种群高峰，每代15～40天，夏季卵期3天，冬季33天。若虫3龄，9～84天，伪蛹2～8天。成虫产卵期2～18天。每雌产卵120粒左右。卵多产在植株中部嫩叶上。成虫喜欢无风温暖天气，有趋黄性，气温低于12 ℃停止发育，14.5 ℃开始产卵，气温21～33 ℃，随气温升高，产卵量增加，高于40 ℃成虫死亡。相对湿度低于60%，成虫停止产卵或死去。暴风雨能抑制其大发生，非灌溉区或浇水次数少的作物受害重。

防治方法

（1）农业防治：温室或棚室内，在栽培作物前要彻底杀虫，严密把关，选用无虫苗，防止将烟粉虱带入保护地内。结合农事操作，随时去除植株下部衰老叶片，并带出保护地外销毁。在露地，换茬时要做好清洁田园工作，在保护地周围地块应避免种植烟粉虱喜食的作物。注意安排茬口、合理布局：在温室、大棚内，黄瓜、番茄、茄子、辣椒、菜豆等不要混栽，有条件的可与芹菜、韭菜、蒜、蒜黄等间作套种，以防烟粉虱传播蔓延。

（2）物理防治：烟粉虱对黄色，特别是橙黄色有强烈的趋性，可在温室内设置黄色诱虫板诱杀成虫。每亩地悬挂规格为25厘米×30厘米的黄色诱虫板30片，或25厘米×20厘米黄色诱虫板40片，或视情况增加诱虫板数量。悬挂高度以黄色诱虫板下端高于植株顶部15～20厘米为宜，并随着植株的生长随时调整。

（3）生物防治：在保护地番茄或黄瓜上，作物定植后，即挂黄色诱虫板监测，发现烟粉虱成虫后，每天调查植株叶片，当平均每株有烟粉虱成虫0.5头左右时，即可第1次放蜂，每隔7～10天放蜂1次，连续放3～5次，放蜂量以蜂虫比为3：1为宜。释放中华草蛉、微小花蝽、东亚小花蝽等捕食性天敌对烟粉虱也有一定的控制作用。

(4)药剂防治：

①早期用药。在烟粉虱零星发生时开始喷洒99%矿物油乳油200～300倍液，或3%啶虫脒乳油1 500～2 000倍液，或25%吡蚜酮悬浮液2 500～4 000倍液，或25%噻虫嗪水分散粒剂2 500～4 000倍液，或24%螺虫乙酯悬浮剂2 000～3 000倍液，或50%噻虫胺水分散粒剂7 000～10 000倍液，或1.8%阿维菌素乳油1 500～3 000倍液，或2.5%联苯菊酯乳油1 500～3 000倍液，叶片正反两面均匀喷雾。因烟粉虱极易产生抗药性，防治药剂必须交替使用。另外田块周围的杂草要同时喷药，以提高防治效果。

②熏烟法：棚室内发生粉虱，可用背负式或机动发烟器施放烟剂，采用此法要严格掌握用药量，以免产生药害。可每亩用17%敌敌畏烟剂340～400克，或每亩用3%高效氯氰菊酯烟剂250～350克，或每亩用20%异丙威烟剂200～300克，傍晚点燃闭棚12小时。发生盛期可先熏烟后喷雾防治，这样可有效控制烟粉虱。

茶黄螨

茶黄螨又叫侧多食跗线螨、黄茶螨、茶半跗线螨、茶嫩叶螨，属蜱螨目，跗线螨科。为害黄瓜、番茄、茄子、辣（甜）椒、豇豆、蚕豆、马铃薯等多种蔬菜。

为害特点　成螨和幼螨集中在作物幼嫩部分刺吸为害，受害叶片背面呈灰褐色或黄褐色，具油质光泽，叶片边缘向下卷曲，受害嫩茎、嫩枝变为黄褐色，扭曲畸形，严重者植株顶部干枯；受害的蕾和花，重者不能开花、坐果；果实受害，果柄、萼片及果皮变为黄褐色，丧失光泽，木栓化，最终导致茄子龟裂，呈开花馒头状，味苦而涩，不堪食用。辣（甜）椒受害严重时引起落叶、落花、落果，大幅度减产。受害番茄，叶片变窄，僵硬直立，皱缩或扭曲畸形，最后秃尖。具趋嫩性。由于螨体极小，肉眼难以观察识别，上述特征常被误认为生理病害或病毒病害。茶黄螨喜欢在植株的幼嫩部位取食，受害症状在顶部的生长点显现，中下部无症状；病毒病除在顶部显示症状外，有时全株也可表现症状。

茶黄螨为害辣（甜）椒植株

茶黄螨造成辣（甜）椒顶枯

茶黄螨为害辣（甜）椒果实

茶黄螨为害辣（甜）椒果柄

形态特征　雌螨长约0.21毫米，椭圆形，较宽阔，腹部末端平截，淡黄色至橙黄色，表皮薄而透明，因此螨体呈半透明状。体背部有一条纵向白带。足较短，第4对足纤细，其跗节末端有端毛和亚端毛。腹面后足体部有4对刚毛。假气门器官向后端扩展。雄螨长约0.19毫米。前足体有3～4对刚毛，腹面后足体有4对刚毛。足较长而粗壮，第3、4对足的基节相接。第4对足胫、跗节细长，向内侧弯曲，远端1/3处有一根特别长的鞭状毛，爪退化为纽扣状。卵椭圆状，无色透明，表面具纵列瘤状突起。幼螨近椭圆形，淡绿色。足3对，体背有一条白色纵带，腹末端有1对刚毛。若螨长椭圆形，是静止的生长发育阶段，外面罩着幼螨的表皮。

茶黄螨为害茄子植株

茶黄螨为害茄子茎枝

茶黄螨为害的茄子叶片背面具油质光泽

生活习性　在热带及温室条件下，全年都可发生，每年可发生很多代，但冬季繁殖能力较低。在北京地区，大棚内自5月下旬开始发生，6月下旬至9月中旬为盛发期，露地蔬菜以7～9月受害重，茄子发生裂果的高峰在8月中旬至9月上旬。冬季主要在温室内越冬，少数雌成螨可在冬作物或杂草根部越冬。以两性生殖为主，也能进行孤雌生殖，但未受精的卵孵化率低。卵散产于嫩叶背面、幼果凹处或幼芽上，经2～3天孵化，幼螨期2～3天，若螨期2～3天。茶黄螨发育繁殖的最适温度为16～23℃，相对湿度为80%～90%。世代发育历期在28～30℃，4～5天，在18～20℃，7～10天。成螨活泼，尤其是雄螨。当取食部位变老时，立即向新的幼嫩部位转移并携带雌若螨，后者在雄螨体上蜕一次皮变为成螨后，即与雄螨交配，并在幼嫩叶片上定居下来。由于这种强烈的趋嫩性，所以有“嫩叶螨”之称。卵和幼螨对湿度要求高，只有在相对湿度80%以上才能发育，因此温暖多湿的环境有利于茶黄螨的发生。

茶黄螨的传播蔓延除靠自身爬行外，借助风力及人为携带是远距离传播的主要途径。

茶黄螨为害茄子果实

茶黄螨为害番茄果实

防治方法

（1）农业防治：

①清除渠埂、田间及周围杂草，前茬蔬菜收获后要及早拉秧，彻底清除田间的落果、落叶和残枝，并集中焚烧。同时深翻耕地，消灭虫源，压低越冬螨虫口基数。

②温室育苗期间防止螨源带入。

③控制温室内相对湿度在80%以下，可抑制茶黄螨卵及幼螨发育。

（2）药剂防治：

茶黄螨生活周期较短，繁殖力极强，应特别注意早期防治，田间发现为害卷叶株率达到0.5%时要喷药控制。药剂要重点喷洒到植株上部的幼嫩部位。可选用下列药剂防治：20%双甲脒乳油1 000～1 500倍液，或15%哒螨灵乳油2 000～3 000倍液，或5%唑螨酯悬浮剂2 000～3 000倍液，或50%溴螨酯乳油1 000～2 000倍液，或2.5%联苯菊酯乳油800～1 000倍液，或5%噻螨酮乳油1 500～2 000倍液，或73%炔螨特乳油1 500～2 000倍液，或1.8%阿维菌素乳油3 000～4 000倍液等，每隔10天喷洒1次，连续喷洒2～3次。

美洲斑潜蝇

美洲斑潜蝇俗称蔬菜斑潜蝇、蛇形斑潜蝇、甘蓝斑潜蝇等。属双翅目，潜蝇科。为害黄瓜、南瓜、西瓜、甜瓜、菜豆、荠菜、红豆、蚕豆、豌豆、番茄、辣（甜）椒、茄子、马铃薯等。

美洲斑潜蝇为害辣（甜）椒叶片

美洲斑潜蝇为害茄子叶片

为害特点　成、幼虫均可为害，雌成虫用产卵器把植物叶片刺伤，进行取食和产卵，幼虫潜入叶片和叶柄为害，产生不规则蛇形白色虫道，叶片叶绿素被破坏，而影响光合作用，受害重的叶片干枯脱落，造成花芽、果实被灼伤，严重的造成毁苗。美洲斑潜蝇发生初期，虫道呈不规则线状伸展，虫道终端常明显变宽，有别于番茄斑潜蝇。

形态特征　成虫小，体长1.3～2.3毫米，浅灰黑色，胸背板亮黑色，体腹面黄色，雌成虫体比雄成虫大。卵米色，半透明，大小（0.2～0.3）毫米×（0.1～0.15）毫米，幼虫蛆状，初无色，后变为浅橙黄色至橙黄色，长3毫米，后气门突呈圆锥状突起，顶端三分叉，各具一开口；蛹椭圆形，橙黄色，腹面稍扁平，大小（1.7～2.3）毫米×（0.5～0.7）毫米。美洲斑潜蝇形态与番茄斑潜蝇极相似，美洲斑潜蝇成虫胸背板亮黑色，外顶鬃常着生在黑色区上，内顶鬃着生在黄色区或黑色区上，蛹后气门三孔。而番茄斑潜蝇成虫内、外顶鬃均着生在黑色区，蛹后气门7～12孔。

番茄斑潜蝇为害番茄叶片

生活习性　成虫以产卵器刺伤叶片，吸食汁液，雌虫把卵产在表皮下，卵经2～5天孵化，幼虫期4～7天，末龄幼虫咬破叶表皮在叶外或土表下化蛹，蛹经7～14天羽化为成虫，夏季2～4周完成1世代，冬季6～8周完成1世代，世代短，繁殖能力强。

防治方法　美洲斑潜蝇抗药性发展迅速，具有抗性水平高的特点，给防治带来很大困难。

（1）严格检疫，防止该虫扩大蔓延。北运菜发现有斑潜蝇幼虫、卵或蛹时，要就地销售，防止把该虫运到北方。

（2）各地要指派专家重点调查和普查，严禁从疫区引进蔬菜和花卉，以防传入。

（3）农业防治：

①及时清洁田园，把被斑潜蝇为害作物的残体集中进行深埋、沤肥或烧毁，减少虫源。

②在斑潜蝇为害重的地区，要考虑蔬菜布局，把斑潜蝇嗜好的瓜类、茄果类、豆类与其不为害的作物进行套种。

③瓜类、茄果类、豆类与其不为害的作物进行轮作。

（4）采用灭蝇纸诱杀成虫，在成虫始盛期至盛末期，每亩设置15个诱杀点，每个点放置1张诱蝇纸诱杀成虫，3～4天更换1次。

（5）药剂防治：在受害作物某叶片有幼虫5头时，掌握在2龄前（虫道很小时），喷洒20%阿维·杀虫单微乳剂1 000～1 500倍液，或1.8%阿维菌素乳油2 000～3 000倍液，48%毒死蜱乳油800～1 000倍液，或25%杀虫双水剂500～600倍液，或5%定虫隆乳油1 000～2 000倍液，或5%氟虫脲乳油2 000倍液。防治时间掌握在成虫羽化高峰的8～12时效果好。因其世代重叠，要连续防治，视虫情5～7天喷1次。

（6）生物防治：释放姬小蜂、反颚茧蜂、潜蝇茧蜂等，这三种寄生蜂对斑潜蝇寄生率较高。

茄二十八星瓢虫

又称酸浆瓢虫。属鞘翅目，瓢虫科。为害茄子、番茄、辣椒、马铃薯等茄科蔬菜及黄瓜、冬瓜、丝瓜等葫芦科蔬菜，以茄子为主，此外，还为害白菜。

为害特点　主要为害茄子叶片、果实。成虫和幼虫舔食叶肉，形成许多不规则半透明的细凹纹，有时也会将叶面吃成空洞或仅留叶脉，严重时整株死亡。受害果被舔食的部分会变硬，且有苦味，产量和品质下降。

茄二十八星瓢虫为害叶片

茄二十八星瓢虫成虫

形态特征　成虫体长6毫米，半球形，黄褐色，体表密生黄色细毛。前胸背板上有6

个黑点，中间的2个常连成一个横斑；每个鞘翅上有14个黑斑，其中第二列4个黑斑呈一直线，与马铃薯瓢虫有显著区别。卵长约1.2毫米，弹头形，淡黄色至褐色，卵粒排列较紧密。末龄幼虫体长约7毫米，初龄幼虫淡黄色。后变白色；体表多枝刺，基部有黑褐色环纹，枝刺白色。蛹长5.5毫米，椭圆形，背面有黑色斑纹，尾端包着末龄幼虫的蜕皮。

生活习性　该虫在华北、东北地区每年发生2代，江南地区4代，以成虫群集越冬。在广东年发生5代，无越冬现象。每年以5月发生数量最多，为害最重。成虫白天活动，以上午10时至下午4时最为活跃，午前多在叶背取食，午后转向叶面取食。成虫有假死性和自残性。雌成虫将卵块产于叶背。幼虫共4龄，初孵幼虫群集为害，2龄后分散为害。老熟幼虫在原处或枯叶中化蛹。卵期5～6天，幼虫期15～25天，蛹期4～15天，成虫寿命25～60天。

防治方法

（1）人工捕捉成虫，利用成虫假死习性，用盆承接并叩打植株使之坠落，收集灭之。

（2）人工摘除卵块，此虫产卵集中成群，颜色鲜艳，极易发现，易于摘除。

（3）药剂防治，要抓住幼虫分散前的有利时机及时施药，可用21%增效氰·马乳油2 500～3 500倍液，或20%氰戊菊酯乳油1 500～2 000倍液，或2.5%溴氰菊酯乳油1 500～2 000倍液，或2.5%三氟氯氰菊酯乳油2 500～4 000倍液，或48%毒死蜱乳油800～1 200倍液，或50%杀虫环可溶性粉剂800～1 200倍液，或75%硫双威可湿性粉剂800～1 500倍液。

蓟马

蓟马种类很多，在瓜果、蔬菜上发生为害的主要种类有瓜蓟马、葱蓟马等。瓜蓟马又称棕榈蓟马、棕黄蓟马，葱蓟马又称烟蓟马、棉蓟马，属缨翅目，蓟马科。

瓜蓟马主要为害各种瓜类作物及茄子等。葱蓟马寄主范围广泛，达30种以上，主要受害的作物有葱、洋葱、大蒜等百合科蔬菜和葫芦科、茄科蔬菜及棉花等。

为害特点　蓟马以成虫和若虫锉吸植株幼嫩组织（枝梢、叶片、花、果实等）汁液，被害的嫩叶、嫩梢变硬卷曲枯萎，植株生长缓慢，节间缩短；幼嫩果实（如茄子、黄瓜、西瓜等）被害后会硬化，严重时造成落果，严重影响产量和品质。茄子受害时，叶脉变黑褐色，发生严重时，影响植株生长。

蓟马为害辣（甜）椒植株

蓟马为害辣（甜）椒叶片

蓟马为害辣（甜）椒顶部幼嫩组织

形态特征　蓟马系小型昆虫。蓟马全生育阶段分卵、若虫、成虫三个阶段，属不完全变态类型。

瓜蓟马成虫体长1毫米，金黄色，锉吸式口器，头近方形，复眼稍突出，单眼3只，红色，排成三角形，单眼间鬃位于单眼三角形连线外缘，触角7节，翅两对，周围有细长的缘毛，腹部扁长。卵长0.2毫米，长椭圆形，淡黄色。若虫黄白色，3龄，复眼红色。

葱蓟马体型较大，体长1.2～1.4毫米，体色自浅黄色至深褐色不等。

生活习性　蓟马成虫活泼，善飞能跳，又能借风力传播。蓟马有趋嫩绿的习性，怕光。白天一般集中在叶背为害，阴雨天、傍晚可在叶面活动。蓟马一般进行孤雌生殖，偶尔进行两性生殖。蓟马的适宜生育环境温度因种类不同有所差异，最适宜发育温度瓜蓟马为24～30 ℃、葱蓟马为23～26 ℃，相对湿度为40%～70%，若温度达35 ℃以上，虫口则明显下降。

因蓟马繁殖速度快、易成灾，应加强田间观察，掌握发生动态，采取有力措施进行综合治理，在害虫初发期及时喷药防治。若不及时防治，会造成灾害性为害，严重影响植株的生长及果实的品质。

蓟马为害辣（甜）椒果实

蓟马为害番茄果实

防治方法

（1）农业防治：早春清除田间杂草和枯枝残叶，集中烧毁或深埋，消灭越冬成虫和若虫。加强肥水管理，促使植株生长健壮，减轻为害。

（2）物理防治：利用蓟马趋蓝色的习性，在田间设置蓝色粘虫板，诱杀成虫。每亩地悬挂规格为25厘米×40厘米蓝色粘虫板20片，或25厘米×20厘米蓝色粘虫板40片，或视情况增加粘虫板数量。悬挂高度以粘虫板板下端高于植株顶部15～20厘米为宜。

（3）化学防治：可选择5%啶虫脒可湿性粉剂2 500倍液，10%氯氰菊酯乳油3 000～4 000倍液，或48%毒死蜱乳油1 200～1 500倍液，或10%吡虫啉可湿性粉剂1 000倍液，或20%毒·啶乳油1500倍液。为提高防治效果，以上药剂要交替使用，隔7～10天喷1次，连喷2～3次。在喷雾防治时，应全面细致，减少残留虫口。

蛴螬

为害蔬菜的主要有东北大黑鳃金龟、华北大黑鳃金龟、铜绿金龟等。其幼虫通称蛴螬、白地蚕、白土蚕。属鞘翅目，鳃金龟科。

为害特点 蛴螬是多食性害虫，可食害各种蔬菜种子和地下根茎，造成缺苗断垄。成虫统称金龟甲和金龟子，主要为害蔬菜的叶、花、果实及嫩茎等。

形态特征 东北大黑鳃金龟：成虫长椭圆形，（16～22）毫米×（8～11）毫米。黑褐色，有光泽，小盾片近半圆形，前胸背板有点刻，每鞘翅上有4条明显的纵肋。前足胫节外侧有3个齿，内侧有1根距。腹面各体节之间分界线断开，臀板弧形，顶端呈球形。卵椭圆形，初产时乳白色，长2.5～3.5毫米，近孵化时为黄白色。幼虫老熟后体长35～45毫米，头部黄褐色，胸、腹部乳白色，具胸足3对，静止时呈“C”形。头部前顶刚毛每侧各有3根，排成一纵列，肛门孔呈三射裂缝状，肛腹片后部覆毛区散生钩状刚毛，无刺毛列，两侧无裸区。蛹长20～23毫米，由白色变黄色，再变为黄褐色或红褐色，具尾突1对。

蛴螬

华北大黑鳃金龟：与东北大黑鳃金龟相似，但成虫腹部各体节之间分界线明显，臀板后缘较直，顶端虽钝，但为直角。幼虫肛腹片后部的钩状刚毛群紧挨肛门孔裂缝处，两侧具明显的横向小椭圆形无毛裸区。

铜绿金龟：成虫长椭圆形，体长18～21毫米，前胸背板及鞘翅铜绿色，有光泽，前胸背板两侧缘黄褐色，各鞘翅上有3条隆起纵纹。腹部腹面深褐色（雄）或黄白色（雌）。卵长1.5毫米，初产乳白色，后变淡黄色。幼虫老熟后体长23～33毫米，肛门“一”字形横裂，肛腹片后部覆毛区正中有15～18对刚毛组成的刺毛列，刺毛列外围有深黄色钩状刚毛。蛹长18～25毫米，淡黄色，羽化前黄褐色，末端圆，有细毛。

生活习性　东北大黑鳃金龟每两年发生1代，以成虫或幼虫在土内越冬。成虫于3～4月开始出现，4～6月为盛发期，卵产于松软湿润的土壤中。幼虫6月中旬至7月中旬孵化，整个幼虫期在土内活动，为害地下根茎，于11月潜入50厘米以下深处越冬。越冬幼虫5月上中旬开始上升为害，5月下旬至6月上旬为害最重，7月中旬开始下移做土室化蛹，羽化后进入越冬状态。幼虫在地下的活动受土壤温度影响较大。10厘米地温5 ℃时开始上升为害，13～18 ℃时活动为害最盛，23 ℃以上则垂直向下移动，5 ℃以下时开始越冬。蛴螬的发生也受湿度的影响，土壤过干或过湿均可迫使其向深处转移，适宜的土壤含水量为10%～20%，以15%～18%最为有利。成虫昼伏夜出，白天入土潜伏，夜间出来活动、取食、交配，具有假死性。华北大黑鳃金龟发生规律与东北大黑鳃金龟相似。铜绿金龟每年发生1代，以幼虫在土内越冬，成虫以为害果树为主，趋光性很强。6月成虫羽化出土，进行繁殖产卵，幼虫孵化后在土中取食为害寄主根、茎和播下的种子，10月开始下移越冬。卵孵化最适温度为25 ℃，土壤含水量为8%～15%。

防治方法

（1）农业防治：

①进行冬耕：对蛴螬发生严重的地块，在深秋或初冬翻耕土地，不仅能直接消灭一部分蛴螬，并且将大量蛴螬暴露于地表，使其被冻死、风干或被天敌啄食、寄生等，一般可压低虫量15%～30%，明显减轻翌年的为害。

②合理灌溉：土壤温、湿度直接影响着蛴螬的活动，蛴螬发育最适宜的土壤含水量为15%～20%，土壤过干过湿，均会迫使蛴螬向土壤深层转移，如持续过干或过湿，则使

其卵不能孵化，幼虫致死，成虫的繁殖和生活力严重受阻。因此，在蛴螬发生区，在不影响作物生长发育的前提下，对灌溉要合理控制。

③避免施用未腐熟的厩肥：金龟子及其他一些蔬菜害虫，如菠菜潜叶蝇、种蝇等，对未腐熟的厩肥有强烈趋性，常将卵产于其内，如施入田中，则带入大量虫源。而腐熟的有机肥可改良土壤的透水、通气性状，提供给土壤微生物活动的良好条件，使根系发育快，苗齐苗壮，增强作物的抗虫性，并且由于蛴螬喜食腐熟的有机肥，也可减轻对作物的为害。

④合理施用化肥：碳酸氢铵、腐殖酸铵、氨水、氨化过磷酸钙等化学肥料，散发出氨气对蛴螬等地下害虫具有一定的驱避作用。

⑤合理安排茬口：前茬为豆类、花生、甘薯和玉米的地块，常会引起蛴螬的严重为害，这与蛴螬成虫的取食和活动有关。

⑥在温室、温床、大棚等保护地里，由于气温高，幼苗又集中，往往受害早、受害重。应及早发现蛴螬的活动并及时采取防治措施。

⑦利用地头、村边、沟渠附近的零散空闲地，点种蓖麻：蓖麻叶中含蓖麻素，可毒杀取食的金龟甲，降低成虫密度。

（2）物理防治：利用金龟甲的趋光性，每50亩设置1个频振式杀虫灯，能诱杀金龟甲，兼诱蝼蛄、棉铃虫成虫等趋光性害虫。

（3）药剂防治：

①土壤处理：蛴螬发生密度高的地块，可进行土壤处理，每亩用3%辛硫磷颗粒剂2～2.5千克，或每亩用5%二嗪磷颗粒剂1～2.5千克，或每亩用5%毒死蜱颗粒剂1.5～3千克，拌细土20～25千克，在犁地前均匀撒施。

②对发生为害的菜田，可选用50%辛硫磷乳油1 000倍液，或25%增效喹硫磷乳油1 000倍液，或50%二嗪磷乳油1 000倍液，或90%敌百虫1 000倍液，或48%毒死蜱1 500

倍液等灌根防治。

小地老虎

小地老虎又名土蚕、地蚕、黑土蚕、黑地蚕。属鳞翅目，夜蛾科。为害各种蔬菜及农作物幼苗。它是一种分布广、为害最重、食性最杂的地下害虫。

小地老虎幼虫

为害特点　全国各省（区）均有分布。1～2龄幼虫常常群集在幼苗上的心叶或叶背上取食，把叶片咬成小缺刻或网孔状。幼虫3龄后把蔬菜幼苗近地面的茎部咬断，还常将咬断的幼苗拖入洞中，其上部叶片往往露在穴外，使整株死亡，造成缺苗断垄。

形态特征　成虫体长16～23毫米，翅展42～54毫米，深褐色，前翅由内横线、外横线将其分为3段，具有显著的肾状斑、环形纹、棒状纹和2个黑色剑状纹；后翅灰色，无斑纹。卵长0.5毫米，半球形，表面有纵横相交的隆线，初产时乳白色，后出现红色斑纹，孵化前为灰黑色。老熟幼虫体长37～47毫米，灰黑色，体表布满大小不等的颗粒，臀板黄褐色，具2条深褐色纵带。蛹长18～23毫米，赤褐色，有光泽，第5～7腹节背面的刻点比侧面的刻点大，臀刺为短刺，1对。

生活习性　年发生代数由北至南不等，黑龙江发生2代，内蒙古、山西发生3代，宁夏、甘肃、河南、陕西、北京发生4代，江苏发生5代，福州发生6代。越冬虫态、地点在北方地区至今不明，据推测，春季虫源系迁飞而来；在长江流域以老熟幼虫、蛹及成虫越冬；在广东、广西、云南则全年繁殖为害，无越冬现象。成虫夜间活动、交配、产卵，卵产在5厘米以下矮小杂草上，尤其在贴近地面的叶背或嫩茎上，如小旋花、小蓟、黎、猪毛菜等，卵散产或成堆产，每头雌虫平均产卵800～1 000粒。成虫对黑光灯及糖醋酒液等趋性较强。幼虫共6龄，3龄前在地面、杂草或寄主幼嫩部位取食，为害不大；3龄后昼间潜伏在表土中，夜间出来为害，动作敏捷，性残暴，能自相残杀。老熟幼虫有假死性，受惊缩成环形。幼虫发育历期：15 ℃为67天，20 ℃为32天，30 ℃为18天。蛹期发育历期为12～18天，越冬蛹则长达150天。小地老虎喜温暖及潮湿的环境，最适发育温度为13～25 ℃，在河流湖泊地区或低洼内涝、雨水充足及常年灌溉地区，如土质疏松、团粒结构好、保水性强的壤土、黏壤土、沙壤土均适于小地老虎的发生。尤其在早春菜田及周缘杂草多的地方，是其产卵的好场所；小地老虎蛾羽化后需取食补充营养，对食糖、蜜和发酵物具明显的趋性。蜜源植物多，可为成虫提供补充营养的情况下，将会形成较大的虫源，发生严重。

防治方法

（1）预测预报：对成虫的预报可采用黑光灯或蜜糖液诱蛾器，在华北地区，春季自4月15日至5月20日设置，如平均每天每台诱蛾5头以上，表示进入发蛾盛期，蛾量最多的一天即为高峰期，过后20～25天即为2～3龄幼虫盛期，为防治适期。诱蛾器如连续两天诱蛾在30头以上，预兆将有大发生的可能。对幼虫的测报采用田间调查的方法，如定苗前每平方米有幼虫0.5～1头，或定苗后每平方米有幼虫0.1～0.3头（或百株蔬菜幼苗上有虫1～2头），即应防治。

（2）农业防治：

①杂草是小地老虎早春产卵的主要场所和初龄幼虫的重要食源，也是幼虫向作物迁移为害的桥梁。春播前应精耕细耙，可消灭部分卵和早春的杂草寄主。同时，在作物幼苗期或幼虫1～2龄时结合松土，清除田内外杂草，沤肥或烧毁，可消灭大量卵和幼虫。

②降低土壤湿度，不利于小地老虎幼虫生存。

（3）诱杀防治：

①用黑光灯或频振式杀虫灯诱杀成虫。

②诱杀防治：用糖6份、醋3份、白酒1份、水10份、90%敌百虫1份调匀，或用泡菜水加适量农药，在成虫发生期设置，均有诱杀效果。也可用某些发酵变酸的食物，如甘薯、烂水果等加入适量药剂，诱杀成虫。用湿泡桐树叶，每亩地均匀放置70～90片叶诱集，翌日清晨在泡桐树叶下收集虫口进行杀灭，也可用小地老虎喜食的灰菜、刺儿菜、苦荬菜、小旋花、苜蓿、艾蒿等杂草堆放诱集小地老虎幼虫。

③人工捕杀：每天清晨查苗，发现断苗后，便扒开表土捕虫杀之，连续进行5～6天。

（4）药剂防治：小地老虎1～3龄幼虫期抗药性差，且暴露在寄主植物或地面上，是药剂防治的适期，可选用10%虫螨腈悬浮剂1 000～1 200倍液，或80%敌百虫可溶性粉剂800～1 000倍液，或48%毒死蜱乳油800～1 200倍液，或20%氰戊菊酯乳油1 500～2 000倍液，或10%氯氰菊酯乳油2 000～2 500倍液，或2.5%三氟氯氰菊酯乳油2 500～4 000倍液，或20%甲氰菊酯2 000～3 000倍液，或25%除虫脲可湿性粉剂1 000～1 500倍液，或5%定虫隆乳油1 000～2 000倍液。

蝼蛄

蝼蛄又叫小蝼蛄、拉拉蛄、地拉蛄、土狗子、地狗子、水狗。属直翅目，蝼蛄科。为害蔬菜及各类作物播下的种子和幼苗。也为害粮、棉、油等作物。

为害特点　为害茄果类蔬菜的蝼蛄主要有非洲蝼蛄（小蝼蛄）和华北蝼蛄（大蝼蛄）。蝼蛄以成虫和若虫在土中取食刚播下的各种蔬菜种子和幼芽，或咬断幼苗的根茎，被害根茎呈乱麻状。蝼蛄形成的隧道又可使幼苗的根与土壤分离，失水干枯死亡。

形态特征

（1）华北蝼蛄：成虫体长36～55毫米，黄褐色，前胸背板中央凹陷不明显，腹部末端近圆筒形，前足腿节内侧外缘弯曲，缺刻明显，后足胫节背面内缘有距1根或无；卵椭圆形，长2.4～4.8毫米，刚产下为乳白色，以后变为黄褐色、暗灰色。若虫黄褐色，腹部末端近圆筒形。

（2）非洲蝼蛄：较华北蝼蛄小，成虫体长30～35毫米，灰褐色，前胸背板中央有一明显的心脏形凹陷斑，前足腿节内侧外缘较直，缺刻不明显。后足胫节背面内缘有距3～4根。卵长3～3.2毫米，初产时黄白色，以后变为黄褐色、暗紫色。若虫灰褐色，腹部末端纺锤形。

蝼蛄在地下钻成隧道

华北蝼蛄成虫

生活习性　华北蝼蛄在河南3年完成1代，非洲蝼蛄每年发生1代。两种蝼蛄以成虫和若虫在地下越冬。5月上旬至6月中旬为第一个为害高峰，6月下旬至8月下旬气温升高，蝼蛄转入地下活动，并产卵，9月上旬至9月下旬为第二个为害高峰，10月中旬以后陆续入土越冬。蝼蛄昼伏夜出，以夜间21～23时活动最盛，多在表土层及地面活动，尤其在闷热天气的夜晚大量出土活动。早春和晚秋，气候凉爽，多待在表土层内，不到地面，蝼蛄有趋光性，对香甜物质（如煮半熟的谷子、炒香的豆饼、麦麸）、马粪及其他厩肥等有强烈的趋化性。

防治方法　对于蝼蛄的测报，防治指标：0.3头/米^{2}为轻发生，0.3～0.5头/米^{2}为中等发生，0.5头/米^{2}以上为严重发生。

（1）物理防治：

①利用蝼蛄的趋光性，每50亩设置1个频振式杀虫灯，能诱杀蝼蛄，兼诱蛴螬、棉铃虫成虫等趋光性害虫。

②粪坑诱杀：在蝼蛄为害较重的地块，每隔3～5米，挖30厘米见方，50厘米深坑，于傍晚放新鲜牛马粪1～1.5千克，上面盖青草，可诱集蝼蛄，第二天清晨移开盖草进行人工捕杀。

（2）药剂防治：

①毒饵诱杀：将90%晶体敌百虫1千克用60～70 ℃适量温水溶解成药液，或50%二嗪农乳油1千克，或50%辛硫磷乳油1千克用水稀释5倍左右，再与30～50千克炒香的麦麸或豆饼或棉籽饼或煮半熟的秕谷等拌匀，拌时可加适量水，拌潮为宜（以麦麸为例，用手一握成团，手指一戳即散便可），制成毒饵。每亩用3～5千克毒饵，于傍晚（无风闷热的傍晚效果最好）成小堆分散施入田间，可诱杀蝼蛄。

②在播种时将毒饵施入播种沟（穴）中诱杀蝼蛄。